Michael Aufhauser

Meine schönsten Pferdegeschichten

A Happy Ending for Rescued Horses

Michael Aufhauser

Meine schönsten Pferdegeschichten

A Happy Ending for Rescued Horses

teNeues

INHALT | CONTENT

GUT AIDERBICHL

Vorwort

Die Welt der Pferde hat sich im Laufe des letzten Jahrhunderts total verändert. Heute verbinden die meisten Menschen mit Pferden Eleganz, Freizeit und Sport. So werden die treuesten Begleiter des Menschen auch meistens in der Pferdeliteratur dargestellt. Nicht so in diesem Buch. Auf den ersten Blick sind die Pferde, von denen hier gesprochen wird, Verlierer.

Aber diese Verlierer erleben schließlich ein Happy-End – Geschichten, die nicht nur zu Herzen gehen, sondern auch informieren und uns an verlorene Werte erinnern. Einige dieser Geschichten haben bereits viele Millionen Menschen über Presse und Medien erreicht.

Aus Verlierern werden Gewinner. Wie das geht? Auch davon handelt dieses Buch, das seine Leser nicht nur zum Nach-, sondern auch zum Umdenken verführen soll. Zu mehr Verständnis für die Tiere. Wer sie sind, was sie brauchen, was sie alles können, und wie wir mit ihrem Leben umgehen sollen.

Mittlerweile gibt es elf Höfe in Österreich und Deutschland, auf denen 470 gerettete Pferde unter dem Schutz von Gut Aiderbichl stehen. Zwei Güter, in Henndorf am Wallersee (Österreich) und Deggendorf (Deutschland), kann man an 365 Tagen im Jahr besuchen.

PREFACE

The world of horses has undergone a radical change during the course of the last century. Today, most people associate horses with elegance, freedom and sports. And that's how man's most dependable friend is usually portrayed in horse literature. Not in this book, though. At first glance, the horses described in here are actually losers.

Except that these losers still turn out to be winners–theirs are stories that not only touch our hearts, but also teach us something and remind us of lost values. Some of these stories have already reached millions of people in the press and media.

So how do losers end up as winners? Well, that's another aspect this book is about. It's about animating readers to not just think about horses but to actually take a whole new look at them, to develop a better understanding of them–what they are, what they need, what they can do and how we should deal with their lives.

Today, there are eleven farms in Austria and Germany with 470 rescued horses under the care of Gut Aiderbichl. Two of these farms, one in Henndorf at Lake Wallersee (Austria) and the other in Deggendorf (Germany), are open to visitors 365 days a year.

Die 10 Gebote der Pferdehaltung

von Michael Aufhauser

1. Du sollst beim Kauf eines Pferdes nicht ausschließlich an den eigenen Nutzen denken.
2. Du sollst dich nicht bei Kindern oder Partnern mit einem Pferd als Geschenk beliebt machen.
3. Du sollst dafür Sorge tragen, dass dein Pferd artgerecht gehalten wird, Bewegung und körperlichen Kontakt zu Artgenossen hat.
4. Du sollst deine Macht über dein Pferd nicht missbrauchen und keine Leistungen einfordern, die nur deinem Spaß und Ehrgeiz dienen.
5. Du sollst kein Pferd halten, wenn du nicht selbst über Wissen, gute Berater, Tierärzte und einen Stall mit Auslaufplätzen und Weiden verfügst.
6. Du sollst beachten, dass dein Pferd ein Lebewesen ist, also nicht vollkommen berechenbar, und über erhebliche Kräfte verfügt, die Kenntnislosen zur Gefahr werden könnten.
7. Du sollst wissen, wie viel ein Pferd kostet – bei artgerechter Haltung bis zu seinem natürlichen Lebensende mehr als ein Einfamilienhaus.
8. Du sollst von Anfang an daran denken, dass der Tag kommen wird, an dem du dein Pferd nicht mehr reiten oder vorspannen kannst. Dennoch wird es dein Lebenspartner bleiben.
9. Du sollst Vorsorge treffen. Weil du früher als dein Tier sterben könntest und es versorgt werden muss.
10. Du sollst ein Pferd niemals an einen Händler verkaufen. Sollte ein Verkauf notwendig sein, sollst du Kontakt zum neuen Besitzer halten, notfalls das Pferd wieder zu dir zurückholen.

THE 10 COMMANDMENTS OF HORSE KEEPING

by Michael Aufhauser

1. Thou shall not purchase a horse based solely on thy own needs.
2. Thou shall not ingratiate thyself with children or partners by presenting them with a horse as a gift.
3. Thou shall ensure that thy horse receives proper care, exercise and opportunity for physical contact with its own kind.
4. Thou shall not abuse thy power over thy horse nor make demands of it solely for thy pleasure and ambition.
5. Thou shall not keep a horse if thou has no experience, proper guidance, access to veterinarians or barn with exercise areas and pastures.
6. Thou shall remember that thy horse is a living being, never fully predictable but always of an enormous strength that can endanger those inexperienced to handle it.
7. Thou shall be aware of the costs of keeping a horse–more than that of a one-family home if treated properly right up to its natural death.
8. Thou shall always anticipate the day when thou can no longer ride or harness thy horse. Remember, it shall nevertheless remain thy lifelong partner.
9. Thou shall make precautions for the event that thou passes on before thy animal does, leaving it in the need of care by others.
10. Thou shall never sell a horse to a trader. Should a sale become necessary, thou shall maintain contact with the new owner and, if necessary, thou shall take the horse back.

Die Liebe einer Mutter

A MOTHER'S LOVE

Kathi, das Fohlen mit der Nummer ‚53'

Im Herbst besuche ich immer mehrere Auktionen, auf denen Fohlen versteigert werden, die dann etwa sechs Monate alt sind. Ich sehe mit Entsetzen, wie sie von ihren Müttern getrennt werden. Manche geraten in Panik, als wüssten sie, dass vielen nach der Auktion eine Reise in den Tod bevorsteht, und dass sie nicht vor Ort sterben werden, sondern nach einer langen Fahrt bis in den Süden Europas.

Die Tiere verlieren an diesem Tag alles: ihre Mütter genauso wie ihr Leben, das gerade erst begonnen hat. Ich kaufe dann symbolisch so viele Fohlen wie möglich, aber alle kann ich beim besten Willen nicht retten. Meistens entscheide ich mich für die Ärmsten, denen die Reise die größten Qualen bereiten würde. Um die einen zu retten, muss man die anderen fahren lassen. Man befindet sich selbst in der allererbärmlichsten Lage. Man will helfen, aber es gelingt nur zum Teil. Manchmal denke ich, auf diesen Auktionen wird zugleich die Menschlichkeit versteigert.

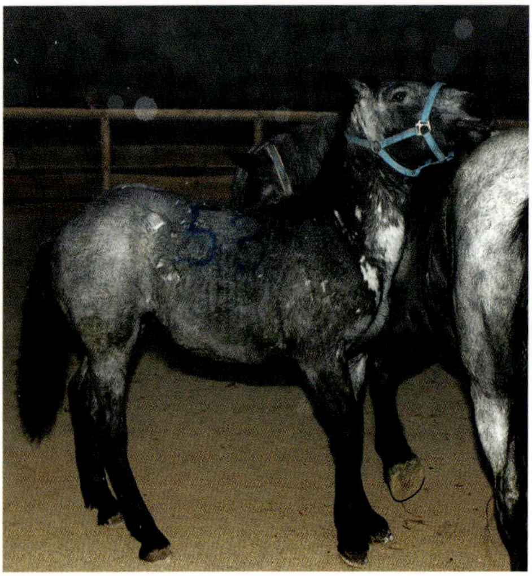

Es war vor einigen Jahren bei einem Fohlenmarkt: Wir hatten bereits 30 Tiere gekauft und unsere mitgebrachten Hänger waren voll. Da kam in letzter Minute vor unserer Abfahrt ein kleines Mädchen zu mir. Sie führte mich zu einem ängstlichen Noriker Kaltblutfohlen, das bereits in den Händen eines Schlachtfohlenhändlers war, zitternd und völlig durcheinander.

Seine Mutter war ihm kurz vorher weggenommen worden. Auf seinem silbrigen Fell stand mit blauer Kreide die Zahl ‚53' geschrieben. „Rettet ‚53'", sagte ich meinen Mitarbeitern und war bereit, dem Händler die dreifache Summe des üblichen Preises zu zahlen. Er sträubte sich anfangs, doch schließlich übergab er mir das Fohlen. Dann bestellte ich noch einen Hänger, und Kathi kam auf das Gut Aiderbichl in Henndorf.

Kathi, Foal Number '53'

Every autumn, I attend a number of auctions that put up foals for public sale. These foals are about six months old at the time. I'll watch with dread as they're separated from their mothers. Some will start to panic as if knowing that many of them face a journey into death after these auctions and that they won't die on location, but only after a long trip into southern Europe.

On those days, these foals lose everything: Their mothers as well as their lives, which really had just begun. As a symbolic gesture, I'll buy as many foals as I can, but, of course, there's no way I can save all of them. Usually I choose the poorest of them; those would likely suffer the most from the trips. The problem is that in order to save them, you have to let others go. It is a most heart-breaking position to be in. You know you want to help, but you can only do so much. Sometimes I feel like our humanness goes up for sale too.

Here's what happened several years ago at a foal market: We had already bought 30 animals and our trailers were full. We were about to leave when a little girl approached me at the last minute. She took me to a fearful Norik cold-blood foal already at the mercy of a horsemeat trader. The animal was trembling and utterly confused.

Its dam had been taken away from it just minutes earlier. The number '53' was written on its silvery fur in blue chalk. "Save '53'," I told my staff members and was prepared to pay the trader three times the usual price. Although initially feeling disinclined, he finally gave in and sold me the foal. Then I ordered another trailer and Kathi came to Gut Aiderbichl in the village of Henndorf.

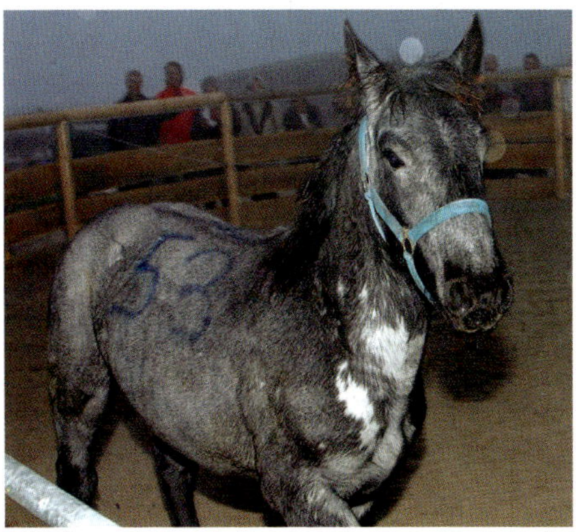

Kathi was timid, she was sad and she refused any sort of food. Sometimes, foals actually prefer death to living without their dams. No sweets or carrots could turn them around, and five days had already gone by.

Kathi blieb ängstlich, war traurig und verweigerte jegliche Nahrung. Das passiert manchmal, dass Fohlen lieber sterben wollen, als ohne ihre Mutter weiterzuleben. Keine Leckerbissen, keine Karotten konnten sie locken, und es waren immerhin schon fünf Tage vergangen.

Noch immer war da die Zahl „53" auf ihrem Fell. Da kam mir ein Gedanke: Ich setzte mich mit dem Auktionsbüro in Verbindung, und anhand der Nummer „53" konnte ich ihre Mutter Mariandl ausfindig machen, wo sie stand und wem sie gehörte. Ich sprach mit dem Züchter und wir wurden handelseinig. Kurz darauf schickte ich zwei Mitarbeiter, um Mariandl abzuholen.

Es war ein nebliger Tag, ich stand am Rand der Koppel vor Kathi, die mit hängendem Kopf vor sich hinstarrte, und wartete auf das Eintreffen des Transporters. Unsere Mitarbeiter, die mit der Mutterstute auf dem Weg zum Gut waren, riefen mich kurz an, als sie die Autobahn Salzburg verlassen hatten. Noch gute zwei Kilometer entfernt.

The number "53" still was on her fur too. Suddenly I had an idea: I contacted the auctioning office and, using this number "53," I was able to track down Kathi's dam, Mariandl, where she was and who her current owner was. I talked to the breeder and we worked out a deal. Shortly thereafter, I dispatched two staff members to pick Mariandl up.

It was a foggy day and I stood by the edge of the paddock facing Kathi, who had her head down and was just staring into space. I was waiting for the transporter to arrive. Our staff members, who were on their way back to the sanctuary with the dam, briefly called me on the phone, telling me they'd just exited the Salzburg freeway. They were still more than a mile away.

Shortly after hanging up, I noticed something unusual: Kathi began to move and gallop around inside the paddock with her head in the air. Then she started whinnying, again and again. The trailer carrying her mother was still out of sight. But Kathi was getting more and more excited.

After about ten minutes, the truck pulled onto the property. My staff members told me that Mariandl started becoming increasingly anxious once they'd pulled off the freeway. She was whinnying out loud and kicking the walls of the trailer.

Now that they still couldn't see but hear each other, their cries became louder and louder. A mother and her offspring recognized each other. Their reunion turned into a dance of joy. After their initial excitement was over, Kathi went over to a hay bale and finally began eating again.

Kurz nachdem ich aufgelegt hatte, beobachtete ich etwas Seltsames. Kathi begann sich zu bewegen, lief in der Koppel mit erhobenem Kopf auf und ab. Dann begann sie zu wiehern, immer wieder. Der Hänger mit der Mutter war noch nicht in Sicht. Doch Kathi wurde immer aufgeregter.

Nach knappen zehn Minuten fuhr der Wagen auf das Gut, und die Begleiter erzählten mir, dass Mariandl seit der Autobahnabfahrt immer unruhiger wurde, laut wieherte und gegen die Wände des Transporters schlug.

Jetzt, da sie sich zwar immer noch nicht sehen, aber hören konnten, wurden ihre Rufe immer lauter. Mutter und Kind hatten sich erkannt. Ihre Wiederbegegnung wurde zu einem Freudentanz. Als sich die erste Aufregung gelegt hatte, ging Kathi zu einem Heuhaufen und sie begann endlich zu fressen.

Ahnen wir, wozu Tiere fähig sind? Was wissen wir wirklich über ihre Wahrnehmung, mit der sie die Natur ausgestattet hat? Seit Jahrtausenden begleiten uns die Pferde. Wir konnten sie gut gebrauchen. Aber auch im wissenschaftlichen Zeitalter haben wir das Besondere an ihnen bisher nur unzureichend erforscht.

Tiere sind stumme Verwandte und zugleich eine Herausforderung an unsere Herzensbildung und Kulturfähigkeit. Tatsache ist, dass sie uns ausgeliefert sind, und die Frage ist, wie wir damit umgehen. Alles ein Spiegel unseres Mit- oder Gegeneinanders.

Mariandl war bereits wieder trächtig, und ein halbes Jahr später brachte sie „Mariandl 2“ zur Welt. Auf Gut Aiderbichl gibt es eine Regel: Wenn Mutter und Kind zusammenbleiben wollen, dann dürfen sie das bei uns bis an ihr Lebensende. Auch garantieren wir unseren Pferden, dass sie für immer bei uns bleiben können und nicht weitervermittelt werden, ein tägliches Bewegungsprogramm haben und hunderte Hektar von Weiden.

Kathi und die beiden Mariandls leben in einer riesigen Box zusammen und könnten nicht glücklicher sein. Die Schöpfung will Leben auf Zeit und nicht, dass der Tod zum Auktionator wird.

Do we have any idea of what animals are capable of? What do we really know about their perception that nature has provided them with? Horses have been with us for thousands of years. We have good use for them. But even in our scientific age, our research into their particular abilities still leaves many questions unanswered.

Animals are like mute relatives of ours, simultaneously challenging our sense of compassion and culture. The truth is they're at our mercy and it's up to us how we treat them. It's all a question of being for each other or against each other.

Mariandl was already expecting again, giving birth to "Mariandl 2" six months later. We have a rule at Gut Aiderbichl: If a mother and her offspring want to stay together, they may do so at our place for the rest of their lives. We also guarantee our horses that they can stay with us forever and not be placed anywhere else, and that they receive daily exercise on several hundred acres of pastures.

Kathi and the two Mariandls live together in a vast box and couldn't be happier. Our creator wants life to be limited by time and not for death to be an auctioneer.

Chatleen und Baricello

Kurz nachdem ich den Entschluss gefasst hatte, Gut Aiderbichl nicht nur als einen Ort für meine eigenen Pferde zu nutzen, sondern dort Menschen die Möglichkeit zu bieten, geretteten Tieren zu begegnen, war ich ziemlich ratlos und fragte mich, wie das gehen soll.

Da kam mir das Schicksal zu Hilfe. Menschen wandten sich mit der Bitte an mich, Tiere aus Lebensgefahr oder qualvollen Situationen zu retten und aufzunehmen.

Es dauerte einige Zeit, bis ich die Zusammenhänge begriff: Tierleid wird größtenteils durch Menschen verursacht. Das sagt einiges über uns aus und bedeutet: Solange wir uns selbst nicht ändern, wird sich auch am Leid der Tiere nicht viel ändern. Denn Tierschutz heißt, unsere Mitgeschöpfe vor uns selbst in Sicherheit zu bringen. Es ging also darum, den Tierrettungen Symbolik zu verleihen, Beispielhaftes, Nachahmenswertes. Die Schicksale der Tiere, die auf das Gut kommen, können dazu beitragen, viele Menschen zum Nachdenken und Umdenken anzuregen. So gehen wir bisher auf Aiderbichl vor. Diese Haltung bestimmt unser Denken bis heute maßgeblich.

Einer jungen Mutter war ein kleines Fohlen in einem Stall aufgefallen, das nicht einmal vier Monate alt war und in den nächsten Tagen zum Schlachten abgeholt werden sollte. Sie brachte es zu uns und hatte ihm auch schon einen Namen gegeben: Baricello.

Ich konnte das nicht verstehen: Wieso sollte dieses Fohlen geschlachtet werden? Immer wieder ging ich an seine Box, berührte seine zarten Nüstern, streichelte ihm über sein Babyfell, und anstatt eine Antwort zu bekommen, wurde meine Ratlosigkeit immer größer. Das Fohlen und ich hatten etwas gemeinsam. Wir waren beide naiv und glaubten noch an Wunder.

Chatleen and Baricello

I had recently decided to use Gut Aiderbichl not just as a place for my own horses, but also as an opportunity for people to come face-to-face with rescued animals. The only problem was I wasn't exactly sure how to go about it.

It was actually fate that came to my rescue. People began approaching me to save animals from agonizing or life-threatening situations and to take them in.

It took me a while to connect the dots. Humans are the cause of most animal suffering. So what does that say about us? What it comes down to is that until we change our own ways, the plight of animals isn't going to change much either. Animal protection is about protecting our fellow creatures from ourselves. Hence, the idea was to rescue animals and add a touch of symbolism, inspiration, and to set an example with our rescues. The stories of animals arriving at our sanctuary can provoke thought in many people to change their attitudes. This remains our philosophy at Aiderbichl and it motivates us to this day the way little else does.

There was a young mother who'd noticed a stable containing a small foal that wasn't even four months old yet and already headed for the slaughterhouse in a matter of days. She brought the foal to us and already had a name for it: Baricello.

I just couldn't get it past my head: Why would anybody want to slaughter that foal? The more I went over to his box, touched his tender nostrils and stroked his baby fur, the further I was from an answer and the more perplexed I was. That foal and I had something in common. We were both naïve and still believed in miracles.

Die allerdings ließen auf sich warten. Baricello magerte ab, war traurig und depressiv. In seinem kurzen Leben war viel passiert, mit dem er nicht fertig wurde. Insbesondere den Verlust seiner Mutter konnte er nicht verkraften. Viel zu früh war er von ihr getrennt worden.

Wie gesagt, meine Mitarbeiter und ich standen am Anfang von Gut Aiderbichl. Wir glaubten schon, wir seien Helden, weil wir das Fohlen bei uns aufgenommen hatten. Doch nun mussten wir nach einer richtigen Lösung für dieses Fohlen suchen, dessen größtes Problem der Verlust seiner Mutter war. Also machten wir uns auf die Suche nach ihr. Als wir sie fanden, erfuhren wir, dass sie als Kutschpferd genutzt wurde und der Besitzer bereit war, sie an uns zu verkaufen. Und so kam Chatleen nach Gut Aiderbichl.

Wir filmten den Moment, als Mutter und Sohn sich nach vierwöchiger Trennung wieder begegneten. Ein Schlüsselerlebnis für alle, die mit dabei waren und die vielen Millionen Menschen, die diese Szene einige Wochen später im Fernsehen sahen. Deren Reaktion war ein deutlicher Hinweis an uns und bedeutete, dass Menschen empfänglicher sind für das Leid der Tiere dieser Welt, wenn sie die Gefühle der Tiere miterleben, die unserem Empfinden sehr ähnlich sind.

Baricello und Chatleen beschnupperten sich zuerst. Um sicher zu gehen, dass es sich um ihr eigenes Kind handelte, berührte die Mutterstute sanft das Fell des Kleinen. Nach einigen Minuten stellte sich Baricello unter den Bauch seiner Mutter und suchte das Euter. Chatleen hatte während der vierwöchigen Trennung ein anderes Fohlen trinken lassen und hatte deshalb noch Muttermilch. In großen Zügen bediente sich Baricello an der Milch. Als seine Mutter sich noch einmal mit ihren Nüstern zu ihm beugte, wollte er fast ausschlagen. Motto: Siehst du nicht? Ich trinke!

Mutter und Kind hatten sich nicht nur erkannt, sondern mit dem Alltag begonnen. Bis zum heutigen Tag leben sie in einer gemeinsamen Box auf Gut Aiderbichl. Nichts und niemand kann sie mehr trennen. Von hier an verstanden wir, dass uns Tiere viel ähnlicher sind, als wir Menschen wahrhaben möchten – besonders in Sachen Liebe.

Miracles, however, were slow in coming. Baricello lost weight; he was sad and depressed. In his short life, he'd witnessed a lot of events that he was unable to cope with. The toughest one of these was the loss of his mother. He'd been taken from her much too soon.

As I mentioned, my staff and I had just opened Gut Aiderbichl. There we were, thinking we were heroes, just because we had taken in that foal. But now we were faced with finding a genuine solution for a foal, whose ultimate problem was losing its mother. So we went out and began looking for her. Once we found her, we were told that she was now a coach horse and that the owner was willing to sell her to us. And that's how Chatleen came to Gut Aiderbichl.

We caught the moment on film when the dam and her son met again after being separated for four weeks. It marked an unforgettable moment for all those who were there and for the millions of viewers watching it on TV a couple of weeks later. Their reaction was a clear message to all of us as it proved that humans are a lot more susceptible to the plight of all the animals in this world once they experience how similar the feelings of animals are to their own.

At first, Baricello and Chatleen just sniffed at each other. To be sure that it was actually her own offspring, the dam softly touched the foal's fur. A few minutes later, Baricello placed himself underneath his mother's belly, seeking her udder. During their four-week separation, Chatleen had nurtured another foal, so she still had mother's milk. Soon Baricello was taking big gulps of it. As his mother moved her nostrils toward him again, he almost kicked out at her. It's if he was saying: Look, can't you see I'm nursing here?

Not only had the dam and her offspring recognized each other, they'd begun their daily routine. To this day, they share a box at Gut Aiderbichl, and nothing and nobody can ever separate them again. This goes to prove that we humans have much more in common with animals than we'd like to admit—especially when it comes to love.

Die Amme von Oberammergau

Wenn auf Gut Aiderbichl ein Film gedreht wird und das Drehbuch es notwendig macht, wird bisweilen ein Tier zusätzlich angekauft. Auch diese Tiere dürfen, wie alle anderen, die zu uns kommen, ein Leben lang auf dem Gut bleiben.

In einem Fall kam die 18-jährige Haflingerstute Lori mit ihrem Fohlen Elvis nach Aiderbichl. Der Zuchtstall, aus dem sie stammte, deckte seine Stuten jährlich. Auch Lori war bereits wieder trächtig und brachte nach zehn Monaten ein kleines Stutenfohlen zur Welt. Es war eine schwere Geburt, Lori gab sich alle Mühe, obwohl es ihr von Minute zu Minute schlechter ging. Das Neugeborene trank gleich nach der Geburt die überlebenswichtige Biestmilch. Es sollte das Letzte sein, was Lori für ihr Kind tun konnte. Sie starb wenige Minuten darauf. Fünfzehn Fohlen hatte sie in ihrem Leben geboren. Sie konnte nicht mehr.

Wir tauften die Kleine nach ihrer Mutter auf den Namen Lori. Sie und ihr Brüderchen, mittlerweile ein Jahr alt, waren jetzt Waisen. Für den kleinen Elvis dauerte es Wochen, bevor er sich einer Jährlingsgruppe anschloss. Noch tagelang rief er nach seiner Mutter. Er lebt noch heute bei uns und ist inzwischen ein stattlicher, ausgeglichener und fröhlicher Vertreter seiner Rasse geworden.

Für die kleine Lori, die jetzt mutterseelenallein auf der Welt war, war die Situation viel problematischer. Wer würde sie großziehen und ihr zeigen, wie die Welt der Pferde aussieht? Das Verhalten der anderen zu deuten, sich mit ihren Artgenossen zu verständigen und ihre Körpersprache zu verstehen?

The Nurse of Oberammergau

Whenever a film is shot at Gut Aiderbichl and the script calls for it, an animal is purchased as an extra. Like all the other animals that come to us, these "extras" are also welcome to spend the rest of their lives at our sanctuary.

One case involved Lori, an 18-year-old haflinger mare and her foal, Elvis, that came to Aiderbichl. The breeding stable where she came from encouraged its mares to conceive every year. So Lori was pregnant again and delivered a tiny mare ten months later. It was a hard birth, during which Lori gave her best, even though her condition was worsening by the minute. Immediately after its birth, the newborn started sucking the mother's milk that's so important for its survival. It would be the last service Lori could give her baby. She died several minutes later. Having birthed fifteen foals, she'd reached the end of her strength.

We christened the little mare Lori, after her mother. She and her little brother, who was one year old by that time, were now orphans. It took little Elvis weeks before he joined up with a group of other one-year-old animals. Even after that, he still called for his mother. He's still with us today, having turned into a handsome, well-balanced and happy specimen of his breed.

Spontan erklärte sich unsere Pferdefachfrau Anita bereit, sie mit der Flasche aufzuziehen. Wir bereiteten Lori ein Strohlager in der warmen Sattelkammer, und so schien ihre Welt wieder in Ordnung zu sein. Jedenfalls akzeptierte sie Anita voll und ganz als ihre Ersatzmutter.

Aber so konnte es nicht bleiben. Schon nach einigen Tagen zeigte uns die kleine Lori, dass sie an Pferden so gut wie kein Interesse hatte und wich fortan nicht mehr von Anitas Seite. Mit zärtlichen Stupsern zeigte sie Anita, wenn sie Lust auf ihr Milchfläschchen hatte. Lori hatte jede Menge Flausen im Kopf und hätte in ihrer kleinen Welt nicht glücklicher sein können.

Aber auch Anita veränderte sich. Sie entwickelte mutterähnliche Schutzgefühle, übernachtete in der Sattelkammer, und manchmal fand ich die beiden nebeneinander liegend, das Köpfchen von Lori an Anitas Schulter.

Little Lori, however, who was now all by her lonesome, found herself in a much more problematic situation. Who would raise her and introduce her to the world of horses? Who would teach her to interpret the behavior of others, to communicate with other horses and to interpret their body language?

Spontaneously, Anita, our horse expert, declared herself willing to raise her with the help of the bottle. We set up a layer of straw for Lori in the warm saddle chamber, and her world seemed all right again. In any case, she accepted Anita fully as her surrogate mother.

Of course, something had to change. After just a few days, little Lori made us know that she had virtually no interest in the other horses and never strayed from Anita's side. She would give Anita gentle pushes whenever she was in the mood for her milk bottle. Lori came with plenty of shenanigans and she couldn't have been happier in her little world.

Anita changed too. She developed an almost maternal sense of protection and actually spent nights in the saddle chamber. Sometimes I'd find the two of them lying next to one another, Lori's small head on Anita's shoulder.

My understanding of animals doesn't actually involve humanizing them. I see the animal world as a world of its own. I respect and appreciate it, but I always set it apart from our own world. That's why I viewed Anita's devotion to Lori with some concern. What the foal needed now was a wet nurse, a surrogate mother, of its own world. So we set out looking for one. One week later, we found a mare that lived on a farm in Steingadener Land in Bavaria. Hilde, a strong cold-blood chestnut mare, had lost her newborn shortly after its birth, but she still had milk. The farmer agreed to let us have the mare.

So Anita made her way to Oberammergau in Germany and from there to the nearby farm in the company of a film team, director Susanne D'Alquen and me. It was tough on the farmer and his wife to bid farewell to Hilde, as it was a final farewell. With the last days' events having taken their toll on her, Anita was also worried whether our plan would really work.

Once Hilde was in the trailer and we said good-bye to the farmer couple, they gave Anita a votive picture as a farewell present. It depicted the flagellated Savior as well as the silhouette of a horse, carved into a silver plate. These votive pictures are an old local custom, offering comfort and hope.

Mein Verständnis für Tiere hat nichts mit Vermenschlichung zu tun. Ich sehe die Welt der Tiere als eigene Welt. Ich achte und wertschätze sie, verwechsle aber nichts, und deshalb bereitete mir Anitas aufopfernde Nähe zu Lori etwas Sorge. Das Fohlen brauchte jetzt eine Amme, eine Ziehmutter, aus seiner eigenen Welt. Also machten wir uns auf die Suche. Nach einer Woche fanden wir eine Stute, die auf einem Bauernhof im Steingadener Land in Bayern lebte. Hilde, eine mächtige Kaltblut-Fuchsstute, die ihr Neugeborenes kurz nach der Geburt verlor, hatte noch Milch. Der Bauer erklärte sich bereit, die Stute an uns abzugeben.

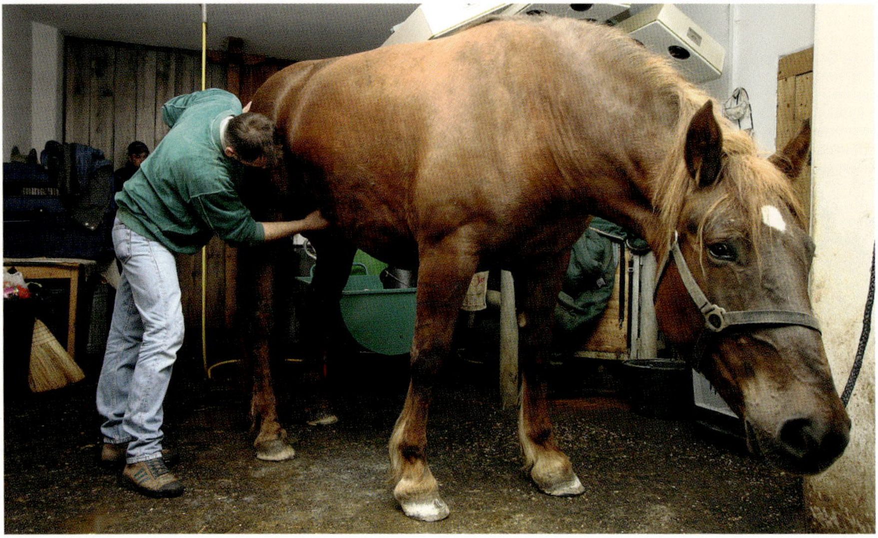

Anita machte sich auf den Weg nach Oberammergau und von dort zum nahegelegenen Hof, begleitet von einem Filmteam, der Regisseurin Susanne D'Alquen und mir. Dem Bauern und seiner Frau fiel der Abschied von Hilde schwer, denn es war ein Abschied für immer. Auch Anita, die von den Ereignissen der letzten Tage sehr mitgenommen war, machte sich Sorgen, ob unser Plan wirklich aufgehen würde.

Als Hilde auf dem Hänger stand, und wir uns von den Bauersleuten verabschiedeten, übergaben sie Anita als Abschiedsgeschenk ein Votivbild. Darauf waren der „gegeißelte Heiland" und die aus Silberblech geschnittene Silhouette eines Pferdes zu sehen. Diese Votivbilder gehören zum Brauchtum der Gegend und spenden Trost und Hoffnung.

The vicinity of Hilde's former home is also the location of the world-famous pilgrim church "die Wies." We stopped there. Anita took her picture and ceremoniously put it up on a side altar next to other votive pictures. Folks affiliated with this church use these pictures to put their wishes and problems into the hands of a higher power, in their faith that there is a being that will make everything all right.

At Gut Aiderbichl, there were a lot of visitors, who took advantage of a nice spring day to make a trip out to the sanctuary. We took Hilde into the sand paddock in the interior court and Anita brought the two of them together. Lori was in a particularly good mood that day, jumping up and down next to Anita. She took virtually no notice of Hilde. Why would she? After all, she had her "surrogate mother" in Anita.

Anita put on a pair of plastic gloves and tried a proven diversion: She rubbed Hilde's scent on the gloves and moved them down Lori's fur and her nose. But it wasn't until Lori discovered Hilde's udder, as if by accident, and we pressed out some squirts of Hilde's milk, that she became curious. Lori began to drink.

When it all seemed good, we took them both to a roomy box. Although Lori loved her new milk source, she failed to associate it with Hilde. When Hilde tried to bend down to her for a moment, Lori bit her in the nose. Hilde punished this bad behavior by shutting off her milk source and that was the end of it.

Now our last hope was a miracle masseur for horses whom we had heard of. We called him and he showed up the same evening. He pacified an irritated Hilde, who couldn't be blamed in seeing naughty Lori as anything but her own offspring. He massaged Hilde again and again, trying to relax her. Finally, after hours had passed, the two made up. Lori, a little tired by now, expressed child-like remorse and Hilde forgave her. Their heads touched as they lied down, and that was the beginning of their happy life together. However, a great wish would come true for Anita as well. Some time later, she gave birth to a girl–baby Michelle.

To this day, four years later, Lori and Hilde remain inseparable. Visitors are simply amazed when we tell them the story of those two. Even though they can see a large cold-blood mare standing next to her joyful "haflinger" daughter.

Ganz in der Nähe von Hildes alter Heimat liegt die weltberühmte Wallfahrtskirche „die Wies“. Dort hielten wir. Anita nahm ihr Bild, und brachte es feierlich an einem Seitenaltar neben anderen Votivbildern an. Mit diesen Bildern legen die Menschen, die dieser Kirche verbunden sind, ihre Bitten und Sorgen in die Hände einer höheren Macht und vertrauen darauf, dass es jemanden gibt, der alles zum Guten wendet.

Auf Gut Aiderbichl waren viele Besucher versammelt, die einen Frühjahrstag zu einem Ausflug auf das Gut nutzten. Wir brachten Hilde in die Sandkoppel des Innenhofes und dann führte Anita die beiden zusammen. Lori war besonders gut gelaunt an diesem Tag und sprang neben Anita auf und ab. Von Hilde nahm sie so gut wie keine Notiz. Wieso auch? Sie hatte doch ihre „Ersatzmutter“ Anita.

Anita zog sich Plastikhandschuhe an und versuchte ein bewährtes Täuschungsmanöver: Sie rieb die Handschuhe mit den Gerüchen von Hilde ein und strich dann über Loris Fell und ihre Nase. Aber erst, als Lori wie zufällig das Euter von Hilde entdeckte und wir einige Spritzer ihrer Milch ausdrückten, wurde sie neugierig. Lori begann zu trinken.

Als alles gut schien, brachten wir die beiden in eine geräumige Box. Lori genoss zwar die neue Milchquelle, stellte aber keinen Zusammenhang zu Hilde her. Als Hilde sich in einem Moment zu ihr hinab beugen wollte, biss Lori ihr in die Nase. Hilde quittierte das schlechte Benehmen, indem sie den Milchhahn abdrehte. Nichts ging mehr.

Jetzt konnte nur noch der Pferde-Wundermasseur, von dem wir gehört hatten, helfen. Ihn riefen wir an und er kam noch am gleichen Abend. Er beruhigte die verärgerte Hilde, die verständlicherweise in der kecken Lori alles andere als ihr eigenes Kind sah. Immer wieder massierte er Hilde und versuchte, sie zu entspannen. Dann endlich, nach Stunden, einigten sich die beiden. Lori, mittlerweile ein bisschen müde, signalisierte kindliches Schuldbewusstsein, und Hilde verzieh. Kopf an Kopf lagen sie zusammen, und von diesem Moment an begann ein gemeinsames glückliches Leben. Aber auch für Anita sollte ein großer Wunsch in Erfüllung gehen. Sie bekam einige Zeit später ein Mädchen – die kleine Michelle.

Noch heute, vier Jahre danach, sind Lori und Hilde unzertrennlich. Verwundert hören uns Besucher zu, wenn wir von Mutter und Tochter sprechen. Obwohl da eine große Kaltblutstute neben ihrer lebenslustigen „Haflingertochter“ steht.

Litza und Felix, ein harter Weg zum letzten Sieg

Pferde könnten bis zu 40 Jahre alt werden, Sportpferde in Deutschland leben im Durchschnitt aber nur sieben. Diese niedrige Lebenserwartung ergibt sich in der Statistik wohl besonders durch die Traber und Galopper. Sie müssen mit zwei Jahren schon ihr Bestes geben, und wenn sie nach ihrer kurzen Karriere für Züchter nicht interessant sind und nicht auf Freizeitpferde umgeschult werden, was selten geschieht, dann stehen sie bald dicht gedrängt auf den Todestransportern in die Akkordschlachthöfe im Süden Europas. Das geht ganz schnell.

Vor sieben Jahren riefen mich Tierschützer an und erzählten, sie hätten eine Rennbahnstute kurz vor ihrem Abtransport gerettet und wüssten jetzt nicht, wohin mit ihr. Sie wäre erfolgreich gewesen und hätte ihrem Besitzer mehrere hunderttausend Euro an Gewinnprämien gebracht. Aber als sich herausstellte, dass sie zuchtuntauglich sei, das heißt, dass sie nicht tragend wurde, hat man sie als Schlachtpferd zum Kilo- Preis verkauft. Ich habe keinen Grund am Wahrheitsgehalt der Geschichte zu zweifeln, denn die Tierschützer kommen seit vielen Jahren immer wieder auf Gut Aiderbichl und besuchen Litza, das Pferd, das ihnen sein Leben verdankt.

Litza and Felix, A Hard-won Final Victory

Although horses can live to be 40 years old, racehorses in Germany only average about seven years of age. This low statistical life expectancy is probably due in large part to the trotters and gallopers. They have to give their best when they're only two years old, and unless breeders find another use for them after their brief careers or they're retrained as recreational horses–which is rarely the case–they are soon crammed onto the death transports to mass slaughterhouses in southern Europe. They don't waste any time.

Seven years ago, some animal protectionists called me to tell me they had rescued a racemare from her final transport and they had no idea where to put her up. They said she'd been a winner having yielded her owner several hundred thousand dollars in prizes. However, when she turned out to be unfit for breeding, meaning she was infertile, they sold her off to be slaughtered by the pound. I've no reason to doubt their story, because, during the years since, those same animal protectionists have been coming out to Gut Aiderbichl to visit Litza, the horse whose life they saved.

I always look Litza in the eyes, but I have yet to succeed in winning her trust. Despite immense gestures of affection and optimal living conditions, it seems like she still has not forgiven man. Who can blame her? In her view, she willingly went along in the kind of event that had very little to do with her nature. All the hoopla of those races, all those transports to one place or another. All of that and the pressure to perform that they put on racehorses, she took it all in stride. Maybe she thought to herself: If I just stay on the fast track and make all those humans happy with my results, I'll get on their good side, maybe even earn a place in their hearts.

Immer wieder sehe ich in die Augen von Litza, aber ich habe es bisher noch nicht geschafft, ihr Vertrauen zu gewinnen. Sie hat trotz unglaublicher Liebesbekundungen und bester Lebensbedingungen dem Menschen offensichtlich nicht verziehen. Kann man ihr das übelnehmen? Aus ihrer Sicht war sie ja brav und hat an einem Geschehen teilgenommen, das nur sehr entfernt mit ihrem natürlichen Wesen zu tun hat. Die Aufregung eines Rennens, das Hin- und Hertransportiert-Werden. Das alles und auch den Leistungsdruck, der den Pferden auf der Rennbahn zugemutet wird, hat sie hingenommen. Vielleicht weil sie sich dachte: Wenn ich mir die Überholspur aussuche und dann die Menschen über das Resultat so glücklich sind, habe ich bei ihnen einen Stein im Brett, vielleicht sogar ihr Herz erreicht.

Aber Menschen, das konnte sie nicht wissen, bekommen selten genug und fordern gerne mehr. Weil sie nach einer Untersuchung als nicht trächtig diagnostiziert wurde, war

Except that she had no way of knowing that humans are rarely satisfied and always like to push for more. When her diagnosis showed her to be infertile, her owners ultimately put her off as nothing but a goner, and never mind all her loyalty. To Litza, that was betrayal.

Today, however, Litza's story is a symbol of hope. Perhaps it's because no story ever really finishes until it has reached its best possible outcome. Litza did not end up on some death transport down to Italy. Instead, she rode in a trailer to our sanctuary at Gut Aiderbichl. From that point on, she was back on the fast track.

You see, the veterinarian, who made her last diagnosis, happened to be wrong–she did conceive! That's how little Felix entered the world–the first animal to be born at the new Gut Aiderbichl sanctuary. Just a few days after his birth, Litza presented her new baby to us. And Felix showed us just whose kid he was. With incredible speed, he jumped his paddock, kicked out with his rear legs and always performed new rituals of joy. And we captured it all on camera. Shortly thereafter, that scene was turned into a brief documentary and presented by a major TV station.

Several days after the broadcast, the sanctuary manager at the time told me she'd received an interesting phone call. The caller knew Litza's real name despite the fact that we'd changed it for reasons of discretion and had offered an astounding amount of money for little Felix. Who was that caller, I wonder? Who knew Litza's sire?

sie schlussendlich aus der Sicht ihrer Besitzer doch nur eine Enttäuschung. Da zählte ihre Treue nichts. Da hat man Litza verraten.

Inzwischen aber steht Litzas Geschichte für ein Symbol der Hoffnung, weil eine Geschichte vielleicht erst dann zu Ende gebracht ist, wenn sie ihre bestmögliche Wendung genommen hat. Litza fuhr nicht mit dem Todestransport nach Italien, sondern mit einem Hänger zu uns nach Gut Aiderbichl. Von da an war sie wieder auf der Überholspur.

Der Tierarzt nämlich, der ihr die letzte Diagnose stellte, hatte Unrecht – sie war trächtig! Und so erblickte der kleine Felix das Licht der Welt. Das erste Tier, das im neuen Gut Aiderbichl geboren wurde. Schon einige Tage nach seiner Geburt führte Litza uns ihr Baby vor. Und Felix zeigte uns, wessen Kind er ist. In ungeahnter Geschwindigkeit schoss er über die Hofkoppel, schlug hinten aus, sprang in die Luft und setzte dann wieder zu neuen Freudensprüngen an. Wir waren mit der Kamera dabei. Wenig später entstand aus dieser Szene ein Kurzfilm, der auf einem großen TV-Sender gezeigt wurde.

Einige Tage nach der Ausstrahlung erzählte mir die damalige Gutsverwalterin, dass sie einen interessanten Anruf bekommen hätte. Der Anrufer kannte den richtigen Namen von Litza, den wir aus Diskretionsgründen geändert hatten und bot eine unglaublich hohe Summe für den kleinen Felix. Wer könnte das wohl gewesen sein? Wer kannte den Vater?

Unnötig zu sagen, das Felix keinen Preis hat. Er darf, und das haben wir ihm versprochen, wie alle unsere Pferde ein Leben lang auf Gut Aiderbichl bleiben, natürlich zusammen mit seiner Mutter. Felix hat außerdem beschlossen, wie so mancher Menschensohn, dass er aus der heimischen Box nicht ausziehen möchte. So lebt er mit Mama zusammen, und das scheint auch so zu bleiben. Er hat nie erfahren, was Druck, Stress oder Strafen bedeuten, und das hat ihn zu einem außergewöhnlichen Pferd werden lassen: zu einem Pferd mit großer Persönlichkeit.

Wenn er in der Box steht, mit seiner weißen Blesse, dann gehen die Besucher direkt auf ihn zu. Sie freuen sich, dass er ihnen nicht ausweicht. Und wenn seine Mutter Litza versucht, ihn davon zu überzeugen, mehr Skepsis Menschen gegenüber an den Tag zu legen, weiß Felix es besser. So geht das zwischen Mutter und Sohn. Trotz bestimmter Differenzen sind die beiden mittlerweile unzertrennbare Freunde. Immer nach dem Motto: Nichts ohne dich, keiner ohne den anderen.

In any case, I don't need to tell you that Felix doesn't have a price. Like all our other horses, we gave him our promise that he can spend the rest of his life at Gut Aiderbichl, together with his mother, of course. Besides, Felix has made up his mind that he has no intention of leaving his home–not unlike certain human males. So he lives with his mum and seems unlikely to change plans any time soon. He's never had to experience the meaning of pressure, stress or punishment, and that has made him an extraordinary horse–a horse with a personality to boot.

When visitors see him standing in his box with that blaze of his, they immediately come closer for a direct look. They're glad that he doesn't shy away from them. And whenever Litza, his dam, tries to persuade him to be more skeptical of humans, Felix knows better. That's just the way it is between this dam and her offspring. They may have their differences, but they remain inseparable friends. It's just like the famous motto: United we stand, divided we fall.

Pamela und ihre 12 Fohlen

Wir hatten uns entschlossen, zu einer Kaltblutfohlen-Auktion in Bayern zu fahren. Symbolisch wollten wir zwei Fohlen kaufen, die dort zum Schlachtpreis versteigert werden. Wir dachten dabei an die ganz armen, die besonders auffällig unter der Trennung von ihren Müttern litten.

Wie immer wurden es dann mehr Tiere als geplant. Der Ablauf der Versteigerung und die Behandlung der Pferde war im Sinne der Veranstaltung gut und behutsam organisiert. Wir aber fanden gebrochene Herzen, jede Menge.

Uns fiel das kleine Hengstfohlen Renzo auf. Er wich seiner Mutter nicht von der Seite. Für ihn stand fest: Ich will bei meiner Mutter bleiben. Das zeigte er auch bei der Vorführung und erzielte einen so geringen Verkaufspreis, der zur Folge haben musste, dass er schlussendlich zum Metzger kommt. Wir kauften ihn und, mit der Unterstützung des Zuchtverbandes, gleich seine Mutter Pamela dazu. Ein richtiger Glücksfall.

Wir haben an diesem Tag noch öfter das Gut in Henndorf anrufen müssen, um weitere Fahrzeuge mit Hängern zu bestellen, und verließen die Auktion mit Pamela, Renzo und elf weiteren Fohlen. Sie hatten zwar an diesem Tag ihre Mutterstuten verloren, aber die Anwesenheit von Pamela wirkte beruhigend auf sie.

Pamela nahm ihre Rolle als Ziehmutter für so viele Fohlen ernst und blickt heute stolz auf ihre Kinderschar. Renzo hat sie allerdings besonders lieb. Was wir nicht wussten: Pamela war bereits bei der Versteigerung wieder trächtig. Und so kam im Frühjahr des nächsten Jahres der kleine Tristan zur Welt.

Renzo ist nicht nur ein vorbildlicher Bruder, sondern auch Tristans bester Freund geworden.

Pamela and her 12 Foals

We had decided to drive out to a cold-blood foal auction in Bavaria. Our plan was to buy two foals–as a symbolic gesture–that were auctioned off for slaughter. We were especially looking for the most miserable ones, those that visibly suffered due to the separation from their dams.

As always, we ended up with more animals than we planned. The auction itself and the treatment of the horses were well and carefully organized, at least in the eyes of the auctioneers. We still came across plenty of broken hearts, though.

A little colt named Renzo caught our attention. He would not leave its mother's side. He'd made up his mind that he did not want to be separated from her, a fact he also made known when he was presented. As a result, his selling price was so low that it made his final trip to the butcher a foregone conclusion. So we bought him and, with the support of the breeders' association, his mother Pamela at the same time.

That day, we had to place several more calls to the sanctuary in Henndorf for additional trucks with trailers and we left the auction with Pamela, Renzo and eleven more foals. Although they'd lost their dams that day, the presence of Pamela had a comforting effect on them.

Pamela took her role as surrogate mother for so many foals seriously and still proudly looks over her flock today. Of course, Renzo is her favorite. What we didn't know was that Pamela was already pregnant again at the time of the auction. That's how little Tristan was born in spring of the following year.

Renzo hasn't just become an exemplary brother, but also Tristan's best friend.

Ein neues Leben für die Aussortierten

A new Life for the Outcasts

Max-Andreas und Robinson „Die Waldbauernbuben“

Meine ersten Eindrücke von Pferden sind verbunden mit Bildern aus meiner Kindheit. Da gab es noch einige Bauern, die Äcker gemeinsam mit ihren Pferden pflügten. Oder Brauereipferde, die für reguläre Lieferdienste große, mit Bierfässern beladene Wagen durch München zogen. Das waren Pferde mit großen Köpfen, enormer Statur, mit großen Augen und langer Mähne. Viel später in meinem Leben erfuhr ich, dass es sich um Kaltblutpferde handelte. Mit dem Einsatz von Maschinen, Traktoren und Lieferwagen verschwanden diese Pferde, scheinbar für immer. Aber ich sollte ihnen noch einmal begegnen – 50 Jahre später, aus anderem Anlass.

Es ist im Wesentlichen leidenschaftlichen Züchtern zu verdanken, dass diese schweren Pferde nicht ausgestorben sind. Es war schon kurz vor zwölf. Eingesetzt werden sie heute hauptsächlich noch von Liebhabern oder für die Traditionspflege.

In einer Branche allerdings werden sie nach wie vor ernsthaft benötigt: Es gibt Waldbesitzer, die den Boden beim Abtransport von schweren Holzstämmen schonen möchten und deshalb in unwegsamen Waldgebieten Holzrückepferde einsetzen. Eine anspruchsvolle Arbeit für Mensch und Tier.

So ein Rückepferd war Max-Andreas, ein belgischer Kaltblutwallach, dessen Geschichte mir zu Herzen geht, wie kaum eine andere. Allerdings hatte er letztendlich Glück im Unglück. Dreimal in seinem Leben fand er sich in dem Stall desselben Pferdehändlers wieder. Das erste Mal, wurde er von einem Privatbesitzer an den Händler verkauft. Dieser verkaufte ihn dann an eine Brauerei, als Festzugspferd.

Max-Andreas and Robinson "The Lumberjacks"

My first memories of horses are linked to images from my childhood. In those days, some farmers still used horses for plowing their fields. There were also brewery horses pulling large wagons loaded with beer barrels on regular delivery routes throughout Munich. These were horses of huge size with large heads, big eyes and long manes. It wasn't until much later in my life that I learned they were cold-blood horses. With the employment of machinery, tractors and trucks, these horses seemingly disappeared once and for all. Little did I know that I would see them again 50 years later–albeit, for a different reason.

We essentially owe it to passionate breeders that these big horses haven't gone extinct. It was high time. These days, they mainly appear in connection with enthusiasts or traditional events.

Some people, however, still use these horses as heavily as ever. Some forest owners are intent on transporting heavy logs while maintaining the forest soil. Therefore they use logging horses for otherwise impassable terrain–a tough job for both man and animal.

One of these logging horses was Max-Andreas, a Belgian cold-blood gelding. His story has touched my heart the way hardly another has, although it turned out to be a blessing in disguise. Max-Andreas found himself in the barn of the same horse trader three times during his life. The first time, it was a private owner who handed him to the trader. The latter then sold Max-Andreas to a brewery as a parade horse.

Thirteen years later, they no longer had any use for him either and, before long, the slippery ways of the horse trade put him right back into the barn of the aforementioned trader. Since his stature was still good and he was in great shape, he was then sold to a large forestry, where he was trained as a logging horse.

Dreizehn Jahre später wurde er auch dort nicht mehr gebraucht und so gelangte er über die verschlungenen Wege des Pferdehandels abermals zurück in den Stall des Händlers. Immer noch von guter Statur und in guter Verfassung wurde er dann an einen großen Forstbetrieb verkauft, wo er zum Rückepferd ausgebildet wurde.

Glaubt man den Schilderungen des Händlers, der ihn bei geschäftlichen Besuchen ab und zu auf dem Hof sah, ging es ihm dort nicht gut. Nach harter Arbeit tagsüber hielt der Besitzer nicht einmal Boxen für seine Pferde bereit, sondern mutete ihnen die mittlerweile verbotene Ständerhaltung zu. Keine Möglichkeit, sich ins Stroh zu legen und die müden Beine auszuruhen. Er war jahrelang angebunden, sah keine Weiden und Koppeln.

Das gehorsame Pferd ertrug seine Herabsetzung mit Würde und verrichtete täglich brav seinen Dienst. Jahre später erhielt der Händler einen Anruf des Besitzers, Max-Andreas sei zum Kilo-Preis zu haben.

Aber er sollte noch bis zur letzten Minute für seinen Unterhalt arbeiten müssen. Der Händler holte ihn jedoch direkt vom Einsatz aus dem Wald. Das Bild, das sich ihm bot, war selbst für einen Hartgesottenen seiner Branche erschreckend. Max-Andreas war an diesem Tag zusammengebrochen, hatte Schürfwunden in seinem Gesicht – von dem Gebüsch, in das er gestürzt war. Er konnte nicht mehr.

Da rief mich der Händler an und bat darum, eine Ausnahme zu machen und trotz Überfüllung unserer Höfe Max-Andreas aufzunehmen. Er kam auf direktem Wege zu uns. Und zu Robinson, ebenfalls einem Ex-Rückepferd, der jetzt sein Boxennachbar wurde und später sein bester Freund.

Als Robinson zu uns gekommen war, ging es ihm physisch, aber nicht psychisch besser als

If you believe the trader's story, who sometimes saw the horse when he was there on business, the forestry was a bad place for him. After their daily drudgery, the owner didn't even provide loose boxes for his horses, keeping them in cramped places that are now banned. There was nowhere for them to lie down comfortably in some hay and to rest their tired legs. Thus, Max-Andreas spent years tied to a post without seeing any pastures or paddocks.

Obedient as he was, he endured his ordeal with dignity and dutifully performed his work every day. Years later, the owner contacted the trader to inform him that Max-Andreas was for sale at a price per pound.

Even that didn't mean Max-Andreas wouldn't have to keep earning his worth right to the last minute. However, the trader took him right off his job in the forest, and what he saw would have shocked even the toughest trader in his line of business. Max-Andreas had collapsed that day and showed bruises on his face—stemming from the underbrush he'd fallen into. Max-Andreas had neared his end.

Max-Andreas. Er schien so etwas wie Heimweh zu haben und zeigte uns, auf seine Art und Weise, dass er bei uns die Wertschätzung nicht bekam, die er sich wünschte. Auf Gut Aiderbichl geht es den Pferden zwar gut, um nicht zu sagen sehr gut, aber viele haben von einem Tag auf den anderen keine Aufgabe mehr.

Wir kennen oft keine Details über das Vorleben der Pferde, die zu uns kommen. Doch das Problem von Robinson konnten wir kurz nach seiner Ankunft bei uns lösen. Als Rückepferde im nahegelegenen Wald arbeiteten, marschierten wir mit Robinson zu ihnen. Der Waldarbeiter, der mit seinen Pferden dort im Einsatz war, legte ihm auf unsere Bitte hin noch einmal die langen Zügel an und gab ihm dann die Kommandos, die Robinson ein Leben lang vertraut waren. „Einfach perfekt", sagte der Pferdeführer, und Robinson sah uns stolz und verschmitzt an. Nachdem er uns gezeigt hatte, wen wir vor uns haben, war auch Robinson bereit, seinen neuen Weg gemeinsam mit uns zu gehen.

That was when the trader called me to ask if I would make an exception by taking Max-Andreas in despite the overcrowding at our stables. The former logging horse came directly to us–and to Robinson, another former logging horse. Robinson would become his box neighbor and his best friend.

When Robinson came to us, he was in better physical shape than Max-Andreas, but not spiritually. He seemed to feel something like homesickness, and he let us know that he didn't feel as valued as he would've liked. Although our horses do well at Gut Aiderbichl–actually, very well, if I do say so myself–many of them find themselves without any duties at all from one day to the next.

We often don't know any details of the lives our horses led before coming to us. However, we did find a solution to Robinson's problem not long after he arrived at our sanctuary. One day, there were logging horses at work in the nearby woods and we took Robinson out to them. The forest worker, who was working the horses at the site, followed our request by putting the harnesses on him one more time, giving him the commands Robinson had been used to his whole life. "Doesn't get better than that," the horse trainer said, and Robinson gave us a proud and smug look. Having shown us who we were dealing with, Robinson was ready to share his new life with us too.

TIGER

Ein Kamerateam der Serie „Die Tierretter von Gut Aiderbichl" begleitete uns, als wir die alte Stute Sina in Bayern abholten. Wir hatten sie dem Pferdehändler regelrecht vor der Nase weggeschnappt. Er kam kurz nach uns auf den Hof gefahren. Als er erfuhr, dass die Stute an uns verkauft wurde, war er etwas ärgerlich und führte uns zu seinem Anhänger, auf dem ein Schlachtpferd stand. „Ein Schlachtpferd der besonderen Art", sagte er und zeigte uns einen beeindruckenden Percheron Hengst, der eingeschüchtert auf seinem Wagen stand. „Das ist bestes Spezial-Filet." Dabei deutete er auf die Teile des Pferdes, die er als Filet bezeichnete.

Mir blieb das Herz stehen. Nicht genug, ich erfuhr obendrein, dass der Hengst erst vier Jahre alt war. Zu früh hatte man ihn zu schwerster Waldarbeit eingesetzt. Seine Knie waren kaputt, und die Operation wäre teurer gewesen als sein Wert, den er als Schlachtpferd hatte. Ihm stand die letzte Reise in einen der Akkordschlachthöfe Italiens bevor. Aber es kam anders.

Zusammen mit Sina fuhr Tiger nach Aiderbichl. Die Knieoperation war zwar teuer, aber erfolgreich. Tigers zweites Leben konnte beginnen. Und die inzwischen 29 Jahre alte Sina hat sich Grisella als Freundin genommen und ist auf Gut Aiderbichl aufgeblüht und genießt jeden Tag ihres neuen Lebens.

TIGER

A camera team for the TV series "Die Tierretter von Gut Aiderbichl" ("The Animal Rescuers of Gut Aiderbichl") was with us when we picked up Sina, an old mare, in Bavaria. We had snatched her from a horse trader literally from right under his nose. He'd arrived on the scene a little after we did. Upon hearing that the mare had been sold to us, he was rather miffed and led us to his trailer, which had a horse for slaughter in it. "A special horse for slaughter," he said and showed us an impressive Percheron stallion, looking intimidated inside the trailer. "We're talking one-of-a-kind special fillet here." As he said that, he pointed at those parts of the horse that he considered fillet.

My heart almost stopped. To make matters even worse, I was told that the stallion was only four years old. At too early an age, he'd been used for forestry work of the hardest kind. His knees had been used up, and surgery would have cost more than the value he presented as a horse for slaughter. His last trip was to one of those mass slaughterhouses in Italy. Thank God, he didn't have to take it.

Tiger's trip instead took him to Aiderbichl, along with Sina. His knee surgery was costly, but it was a success. Tiger was ready to start his second life. And Sina, 29 years old by now, has found a new friend in Grisella, as she continues to blossom and enjoy every day of her new life at Gut Aiderbichl.

Wanda

Eine Freundin, Tierärztin von Beruf, ist Mitglied bei einem Reitverein. Nach einer Vereinssitzung rief sie mich bestürzt an. Sie konnte nicht glauben, was sie da gehört hatte. Der Vorstand erklärte den Mitgliedern, dass Schulpferde wie Sportgeräte zu betrachten seien. Und diese Geräte müssten nun mal leider, wenn sie in die Jahre kommen, ausgetauscht werden. Er sprach von der 21-jährigen Stute Wanda.

Ohne lange zu überlegen, stimmte ich zu, Wanda bei uns aufzunehmen. Das war vor sieben Jahren. Dass es sich bei ihr um eine ganz besonders charmante und liebevolle Pferdedame und nicht um ein Gerät handelt, zeigt sie uns und ihren Artgenossen täglich.

Eines Tages, es ist jetzt bald zwei Jahre her, stand ein ebenfalls in die Jahre gekommener Pferdewirt vor Wandas Box. Er wollte merkwürdig viel über sie in Erfahrung bringen. Am Ende unseres Gespräches lüftete er das Geheimnis. Wanda war, bevor sie an die Reitschule verkauft wurde, eine prämierte Zuchtstute der allerersten Kategorie. Der Star des Gestütes, in dem der damals noch jüngere Pferdewirt in Diensten stand.

Irgendwann kommt der Tag, da werden die Pferde verschoben, verraten und verkauft wie Sklaven. Sie werden zu unserem Vergnügen gezüchtet, manchmal zum Sportgerät degradiert und dann ausgemustert. Und dann fallen sie aus unserer Wahrnehmung, genauso wie ihr Leiden auch. Die allerletzte Erniedrigung und Qual, der Abtransport in einen Schlachthof weit weg, ist wenigstens Wanda erspart geblieben.

WANDA

A friend of mine is a veterinarian by trade and a member of a horseback-riding club. After one of their meetings, she gave me a concerned phone call. The club board had explained to its members that trained horses should be viewed in the way as gym equipment. And, regrettably, gym equipment has to be replaced, once it gets old. They were referring to a 21-year-old mare named Wanda.

I didn't have to think long to agree to take in Wanda. This was seven years ago. Rather than being nothing more than gym equipment, Wanda was in fact a uniquely charming and loving dam, which she demonstrated to us and all the horses everyday.

One day, almost two years ago, a horse farmer, who was also getting up there in age, stood before Wanda's box. He was oddly curious about her. As our conversation was nearing its end, he revealed his secret. Before being sold to the horseback-riding school, Wanda had been a prized breeding mare at the top of her category. She'd been the star of the same horse farm the horse farmer used to work at when he was younger.

Then the inevitable day came when the horses were shipped off, betrayed and sold like slaves. There they are, bred for our pleasure, sometimes degraded to "gym equipment" and then essentially scrapped. At least Wanda was spared the ultimate humiliation and anguish, namely that final transport to the slaughterhouses.

LADY

Lady ist eine Vollblutstute der außergewöhnlichen Art. Als wertlose Ex-Rennbahn- und später Reitschulstute kam sie zu mir. Sie war von Anfang an dabei. Noch bevor der Bau von Aiderbichl begann, gab es Lady. Ich selbst bin noch vor acht Jahren auf ihr geritten. Wenn es zum Galoppieren kam, lief sie wie auf einer Rennbahn, und nichts und niemand konnte sie stoppen. Bei den Artgenossen trat sie als Chefin auf. Über stolze Machos auf der Weide war sie höchstens verwundert. Das belastete sie nicht. Ihr Wille geschah und sonst gar nichts. Und wer nicht folgte, bekam eins drauf.

Aber wie so oft im Leben blieben Retourkutschen nicht aus. Und so fanden wir eines Tages Lady auf der Weide mit einem gebrochenen Becken. Eine Kollegin oder ein Kollege wollten ihre herrische Art nicht mehr tolerieren und hatte sich gerächt.

Als wir mit dem Tierarzt sprachen, bot sich eine friedliche Einschläferung an, um ihr Schmerzen und Leid zu ersparen. Ich setzte mich neben sie, und aus ihren Augen funkelte ein unglaublicher Lebenswille. Die Monate darauf waren nicht leicht für Lady und mich. Selbst Mitarbeiter mahnten tierschützerisch, sie zu erlösen. Wir beide aber waren uns sicher: Es ist noch nicht soweit.

Heute ist Lady eine glückliche Stute, schmerzfrei und überhaupt nicht mehr dominant. Letztendlich fiel sie den Waffen männlichen Charmes zum Opfer. Pergamon hat ihr Herz gewonnen, und sie das seine. Wir suchen für die beiden besonders flache und schöne Weiden aus, und wenn das Rentnerehepaar einen leichten Galopp hinlegt, könnte man fast weinen vor Freude.

Lady

Lady is a full-blooded mare in a class of her own. She'd come to me as a profitless race-horse and horseback-riding-school mare. Lady was there right from the beginning, even before the construction of Aiderbichl began, in fact. I used to ride her myself just eight years ago. When it came to galloping, she'd run just like on the racetrack, and nothing and nobody could stop her. Among her fellow horses, she acted like the big boss. Any proud machos out on the pasture merely struck her as odd. They never concerned her. It was simply her way or the highway, and whoever had a problem with that caught flak from her.

Many times, however, what goes around comes around. As a result, we discovered Lady out on the pasture one day, with her pelvis broken. Apparently, one of the other horses got fed up with her bossy ways and decided it was time for payback.

When we talked to our veterinarian, we were told of the option of putting her to sleep in order to spare her pain and misery. Sitting down next to her, I detected a sparkle in her eyes that mirrored an incredible will to live. The subsequent months were anything but easy for Lady and me. Even some staff members insisted she be put to sleep in the spirit of animal protection. Lady and I, however, were positive: It wasn't time yet.

Today, Lady is a happy mare, free of pain and also free of any thirst for dominance. In the end, she even succumbed to the power of male charm. Pergamon won her heart and she won his. We always try to find particularly smooth and nice pastures for them, and whenever this "retired" couple breaks into a leisurely gallop, it almost makes you want to cry with joy.

Lisa, Mecki und 21 Todeskandidaten Sachwerte mit Gefühlen

Auf Rennbahnpferde gibt der Mensch besonders acht. Immerhin besteht die Chance, mit ihnen viel, viel Geld zu verdienen. Den Pferden soll es also, den Umständen entsprechend, an nichts fehlen. Nur dürfen sie sich nicht untereinander verausgaben oder sich beim Spielen verletzen. Blitzblank und gut versorgt stehen sie deshalb in Gitterboxen. Das hat die Natur aber so nicht vorgesehen. Pferde brauchen und lieben die Gesellschaft von Artgenossen. Zu ihren schönsten Momenten gehört die gegenseitige Fellpflege oder die Berührung der Nüstern des anderen.

Die meisten Hochleistungspferde finden sich damit ab, dass sie das einfach nicht mehr haben können. Die Stute Lisa aber litt heftig unter der Isolation in der Gitterbox. Das schlug sich natürlich auch auf ihre Leistungen nieder. Für solche Fälle hat sich der Mensch etwas einfallen lassen. Man stellte Lisa die Ziege Mecki in die Box. Und schon nach kurzer Zeit wirkte sie ausgeglichen.

Doch als Lisas Karriere beendet war und der Pferdehändler mit dem Wagen vorfuhr, brach ein kleines Drama in der gemeinsamen Box aus. Die beiden hatten sich offensichtlich versprochen, nie mehr auseinander zu gehen. Schimpfend und immer lauter meckernd lief Mecki hinter ihrer geliebten Stute her. Von solchen Beziehungen träumt man, und so erreichten die beiden die Herzen der Menschen, weshalb uns die Besitzer anriefen.

Lisa und Mecki leben jetzt seit sieben Jahren zusammen auf Gut Aiderbichl. Von der ersten Anfütterung am Morgen bis zu den ausgiebigen Weidenspaziergängen auf den Koppeln – man sieht sie immer im Doppelpack. Alte Liebe rostet nicht, und das zeigen die beiden fast täglich. Mecki kaut nicht nur einmal, sie käut wieder, was Lisa besonders an ihr bewundert.

Lisa, Mecki and 21 Death Candidates
Assets with Feelings

Racehorses tend to receive extra attention from people. After all, we're talking about lots and lots of money, right? Therefore, these horses should have anything they need. Except that they better not waste their strength or hurt themselves by playing amongst each other! So there they are in their mesh boxes, looking all immaculate and well cared for. Except that nature didn't intend it that way. Horses love and need the company of other horses. Tending to each other's fur or touching each other with their nostrils are among their most precious moments.

Most high-performance horses can put up with losing all of that. Lisa, on the other hand, was a mare that seriously suffered under the isolation in her mesh box and, naturally, it showed in her performance. Humans, however, have a way of dealing with that. They put Mecki, a goat, in the box with Lisa and it didn't take Lisa long before she became more balanced.

However, when Lisa's career had reached its end and the horse trader pulled up with his trailer, a small drama took place in the box that these animals shared. Apparently, they had somehow promised each other never to part ways. Bleating louder and louder, Mecki started to follow her beloved mare. Theirs was the kind of relationship that dreams are made of, and so they touched the hearts of the people who were there. That's why their owners gave us a call.

Lisa and Mecki have now been living together at Gut Aiderbichl for seven years. From their first feeding in the morning right up to their plentiful tours of the paddocks out on the terrain–you always see them as a duo. Old love never withers, and these two prove it almost every day. One thing that Lisa particularly seems to admire about Mecki is his habit of chewing food not just once but again and again.

Gemeinsam haben sie auch die schlimme Zeit durchgestanden, als bei Mecki vor einigen Jahren ein riesiger Tumor festgestellt wurde, vom Tierarzt als nicht operabel diagnostiziert. Aber die beiden hatten wieder Glück. Der Tumor ist zwar noch da, aber er wächst nicht mehr.

Im Frühjahr wird die enge Freundschaft immer wieder auf eine Probe gestellt. Dann kommen nämlich attraktive Ziegenböcke an der WG-Box vorbei. Doch Mecki stellt sich in Pose, vertreibt die Böcke und zeigt ihnen, was wahre Freundschaft und Treue bedeuten.

Einige Jahre später kam ein ähnliches Tierpaar zu uns. Das Pferd musste in der Zwischenzeit eingeschläfert werden, aber Lilly, die Ziege, wollte nicht in den Ziegenstall umziehen. Mecki und Lisa verstanden und nahmen Lilly auf. Sie ist jetzt in ihrem Bunde die Dritte.

Es stehen mittlerweile weit über 400 Pferde unter dem Schutz von Gut Aiderbichl. Wo soll das enden, denke ich mir manchmal. Aber dann fällt mir ein Grund ein, weshalb gerade Pferderettungen wichtig sind und Berichte darüber, wann immer möglich, die Öffentlichkeit erreichen sollten. Es sind die grauenvollen Todestransporte in den Süden Europas, die mich zum Eingreifen verpflichten. Manche Pferde sind tagelang unterwegs. Dicht gedrängt stehen sie auf ihren Transportern, manchmal sogar im Doppelstock. Da passiert es immer wieder, dass sich Pferde, die müde sind, hinlegen und von den anderen beim An- und Abfahren des Transporters schwer verletzt werden.

Die Transportunternehmer wissen genau, was auf den Fahrten passiert. Aber es scheint sich trotz der Verluste zu lohnen, die Tiere eng nebeneinander zu pferchen. Jedenfalls nimmt man das Elend bewusst in Kauf. Sonst hätte man doch an der italienisch-slowenischen Grenze nicht eigens ein Krematorium für die während der Fahrt Verletzten oder Verendeten errichtet, um sie dann verbrennen zu können. Dieses Einkalkulieren von Qual und Tod, und dass ein Wort wie „Verlust" nur noch vorkommt, wenn es um Geld geht, ist das Unerträglichste an diesen Transporten. Natürlich könnte ich noch mehr erzählen, Schlimmeres. Aber ich denke, man kann den Leser verschonen. Denn worum es geht, und dass es so nicht weitergehen kann – das erkennt man auch so ohne Weiteres.

They also shared a bad time several years ago when a veterinarian discovered a large tumor in Mecki and diagnosed it to be inoperable. However, their luck came through again. Although Mecki's tumor is still there, it no longer grows.

Each spring, their close friendship is put to a test. That's when attractive rams start moving past Lisa and Mecki's box. Mecki, however, will throw himself in pose and drive the rams away, showing them the meaning of true friendship and loyalty.

Several years later, we had a similar animal couple. The horse had to be put to sleep in the meantime, but Lilly, the goat, refused to move into the goat stable. Mecki and Lisa understood perfectly and took her in. Lilly is now the third member of their club.

Meanwhile, we have well over 400 horses under our care at Gut Aiderbichl and I sometimes wonder how far this is going to go. Then I'll remember the reason why the rescue of horses takes on special importance and why it's crucial to publish accounts thereof whenever possible. It's these horrendous death transports to southern Europe that drive me to take action. Some horses spend days on them. They are stuffed into transporters, sometimes on double decks. As a result, there are recurring cases where tired horses lie down, only to be seriously injured by the other horses as their transporter starts to move or stop.

The organizers of these transports know exactly what's going on in them. Apparently, cramming the animals into their transporters seems to pay off despite the losses. Be that as it may, they deliberately accept the ordeal of all these animals. Why else would they put up a crematory at the Italian-Slovenian border if not for the sole purpose of burning the bodies of animals injured or killed during those transports? The idea that agony and death are taken into account and that a term such as "loss" only seems to apply in terms of money is the most unbearable trait of these transports. I could think of many more stories–worse ones. But I guess I might as well spare my readers. After all, the point is that we can't allow this to go on. And it doesn't take much to figure that out, does it?

Die spektakulärste Rettung von Schlachtpferden gelang uns im Oktober 2007. Tierschützer des „Verein gegen Tierfabriken“ (VgT) machten uns auf einen qualvoll überladenen Transport aufmerksam, der von Rumänien nach Belgien mit Schlachtpferden unterwegs war. Er wurde in Niederösterreich gestoppt und die verängstigten, teilweise verletzten Pferde wurden vorerst beschlagnahmt. Nach einigen Tagen, nachdem der Transporteur eine hohe Strafe bezahlt und einen neuen Transporter organisiert hatte, sollten die Pferde ihre Reise in den Tod fortsetzen. Da entschlossen wir uns, alle 21 Pferde freizukaufen und sie lebenslang bei uns aufzunehmen.

Was wir damals nicht wussten, war, dass einige der Stuten trächtig waren. Während meiner Arbeit an diesem Buch, erhielt ich einen Anruf von unserer Gutsverwaltung. Die Stute Dorita aus diesem Todestransport hat der kleinen Mary-Lou das Leben geschenkt. Neben dem kleinen Hengstfohlen Martin ist sie jetzt das zweite Fohlen von einer Stute der 21 geretteten Pferde. Mit weiteren ist zu rechnen.

Our most spectacular rescue of slaughter horses took place in October 2007. Activists of the Austrian group “Association against Animal Factories” (VgT) alerted us to a brutally overloaded transport of slaughter horses on its way from Romania to Belgium. It was stopped in Lower Austria, where the frightened horses, some with injuries, were temporarily seized. After the transport carrier had paid a stiff fine and organized a new transport, the horses' journey to death was supposed to continue. That was when we decided to buy all 21 horses and to have them stay with us for the remainder of their lives.

What we didn't know that day was that some of the mares were pregnant. Then I received a call from our sanctuary administration while I was working on this book. Dorita, one of the mares from that death transport, had just given birth to little Mary-Lou. In addition to our little colt, Martin, she is now the second foal of one of the mares among these 21 rescued horses, and we're expecting more.

Schecky, Flambert und Fridolin – Die wertlosen Pferdewaisen

Pferdenarren gehören zu einer ganz besonderen Spezies von Mensch. Deshalb kommen sie auch meistens nicht zweimal in einer Familie vor. Es geht schließlich nicht nur darum, dass man ein Pferd hat, man muss auch zu Opfern bereit sein. Was aber, wenn dem Besitzer etwas passiert, und das Pferd ihn überlebt?

Da müssen dann oft unerfahrene Erben Entscheidungen treffen. Gerne würden sie ein möglicherweise gegebenes Versprechen erfüllen und das Pferd behalten. Aber sie waren es ja nicht, die sich zu jedem Opfer bereit erklärt hatten. Nach einer gewissen Zeit, wenn der Unterhalt zu Buche schlägt und vor allen Dingen der enorme Zeitaufwand nicht mehr möglich ist, steht die Trennung bevor. Dann kommt der berühmte Blick in die Gelben Seiten, wo unter „Pferd" auch der Pferdehandel vermerkt ist.

Der Pferdhändler ist nicht der Schlachter, und somit hat das Pferd, so möchte man meinen, noch eine gewisse Chance. Ein Trost wenigstens für die Erben. Doch viele Pferde sind mit ihren Besitzern alt geworden und eignen sich angeblich nur noch zum Schlachten.

Schecky, Flambert and Fridolin—the Worthless Horse Orphans

Horse lovers are a special breed of people. That's why most families never have more than one. After all, it's not just about having a horse; it's also about making sacrifices. But what if something happens to an owner and his or her horse survives that person?

In that case, it often falls to inexperienced heirs to make decisions. They wish they could keep any promise they may have made to keep a horse. The only problem is they weren't the ones who had agreed to do whatever it takes. Then it's usually just a matter of time before the costs and enormous time involved in keeping a horse become overbearing and separation becomes inevitable. That's when they turn to an all-time favorite: The Yellow Pages, where they check under "Horses" to find, among others, the number for the nearest horse market.

Since horse traders aren't butchers, you'd think a horse might still have a chance. This provides at least some comfort to the heirs. Unfortunately, there's this widely held belief that, since many horses grew old with their owners, all you can do is slaughter them. They've become useless. And if a horse is useless, he's gotta go. Except that these horses "go" to the slaughterhouses of southern Europe. What a way to go out for loyal companions who have lost their protectors.

Four small Shetland ponies, still young and adorable, arrived at our Gut Aiderbichl sanctuary. We'd received a tip that they were headed to a slaughterhouse in Italy. We managed to intercept them shortly before they left Austria. When we took them to our sanctuary, they'd already had bruises, injuries–and broken spirits.

A few weeks later, a visitor actually recognized them and told us they had belonged to an elderly lady, who'd passed away. Her daughter had made her a solemn promise that those ponies could remain on the hereditary farm for as long as they lived. So much for promises! But isn't that how it goes?

One of those ponies was little Schecky, who had no way of knowing that he would rise to become a hero at Aiderbichl in no time at all.

Sie bringen nichts mehr. Und wer nichts bringt, muss weg. In diesem Fall in die Schlachthöfe im Süden Europas. Was für ein Ende für treue Kameraden, die ihre Fürsprecher verloren haben.

Vier noch junge, entzückende kleine Shetlandponys kamen zu uns auf Gut Aiderbichl. Wir hatten einen Hinweis erhalten, dass sie zum Schlachten auf dem Weg nach Italien seien. Kurz bevor sie aus Österreich ausreisten, konnten wir sie abfangen. Als sie bei uns ankamen, hatten sie bereits Schürfwunden, Verletzungen – und waren gebrochen.

Eine Besucherin hat sie einige Wochen später wiedererkannt und erzählte uns, dass sie einer alten Dame gehört hatten, die verstorben war und deren Tochter ihr hoch und heilig versprochen hatte, dass sie bis an ihr natürliches Lebensende auf dem Erbhof bleiben könnten. Versprochen, gebrochen. Das ist die Reihenfolge.

Eines dieser Ponys ist der kleine Schecky, der in kürzester Zeit, ohne es zu wissen, zum Helden von Aiderbichl aufsteigen sollte.

Eine junge Familie, die gerade das Gut besuchte, entdeckte ihn. Mit dabei war der kleine, sechsjährige Eric. Ein Kind, das den Eltern große Sorgen bereitete. Eric leidet an frühkindlichem Autismus und hatte seit über zwei Jahren kein einziges Wort gesprochen. Als er Schecky auf Gut Aiderbichl sah, wollte er sich auf den Rücken des Ponys setzen. Selbstverständlich stimmte ich zu. Eric wurde von seiner Mutter gehalten und saß auf dem Pony wie ein König. Die Eltern strahlten, und Eric war glücklich. Aber es sollte noch besser kommen. In der freudigen Aufregung blickte der kleine Eric zu seinem Vater und sagte hörbar: „Papa!"

Bis zum heutigen Tag kommt Eric immer wieder und besucht seinen Schecky. Mittlerweile hat er sich gut entwickelt und wird von Ärzten, Therapeuten und vor allem von seinen Eltern liebevoll begleitet. Er hat mir vor kurzem ein selbstgemaltes Bild geschenkt. Ein Dankeschön für eine Freundschaft, die ihm ein verratenes kleines Shetlandpony gab.

Aber es muss nicht immer der Tod des Besitzers sein, der ein Pferdeleben von einer Minute auf die andere dramatisch verändern kann. Flambert und Fridolin sind die Lieblinge einer Dame gewesen, die entmündigt wurde, erzählte uns der Händler, der die

beiden brachte. Elegante Reitpferde, die in die Jahre gekommen waren. Die beiden standen jetzt unter dem unzureichenden Schutz eines Pferde-unerfahrenen Sachwalters: Bis zur endgültigen Klärung ihres Schicksals wurden sie in einem dunklen Verschlag untergebracht. Nach vielen Monaten des Überlegens rief er den Händler an. Die Pferde waren mittlerweile bis auf ihre Rippen abgemagert, hatten hohle Augen und Schmerzen. Aber ihre Wertlosigkeit war ihre Rettung. Außer uns hätte sie spontan niemand aufgenommen, schon gar nicht der Händler. Denn alleine die Auffütterung von Tieren in diesem schlimmen Zustand, mit beschädigten Darmwänden, bedarf größter Vorsicht, der Begleitung durch verlässliches Fachpersonal und erfahrene Ärzte.

Heute kann man sagen, dass sie über den Berg sind. Zwei, die Glück hatten. Ein Tropfen auf den heißen Stein, wenn wir an die Zigtausenden denken, die Opfer unüberlegten Verhaltens werden. Bitte lassen Sie sich beraten, wenn Sie Pferde haben, wie man für den Fall der Fälle vorsorgen kann. Es geht bei jedem einzelnen Tier um ein Leben. Und jedes Lebewesen hat ein Recht darauf. Und es geht um noch mehr, nämlich um die Frage: Wie gehen wir ganz allgemein mit Partnern um, die plötzlich unsere Hilfe brauchen? Heute lassen wir ein Pferd fallen, morgen einen Menschen. Und übermorgen werden wir selber fallen gelassen. Wie leicht schlägt das verachtete Leben zurück!

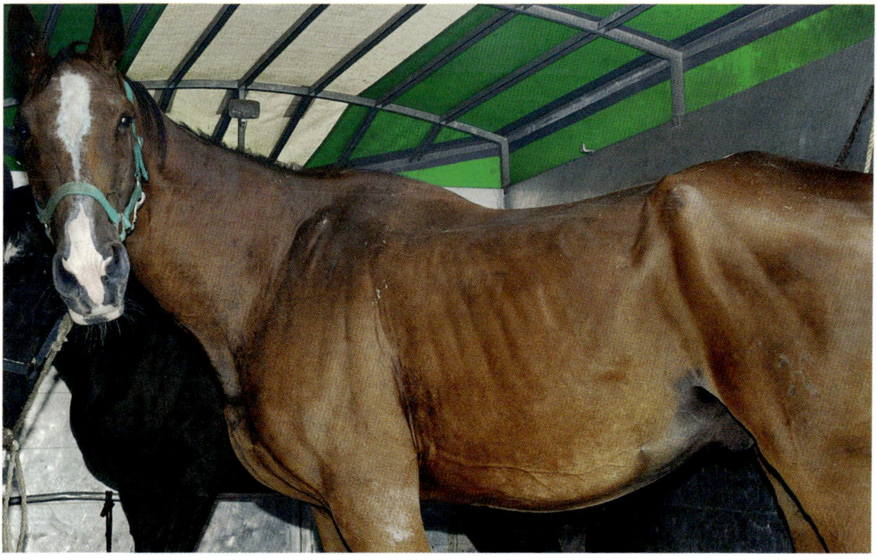

A young family visiting the sanctuary happened to lay eyes on him. They had a small, six-year-old son named Eric, who gave them great concern. Eric suffers from infantile autism and hadn't spoken a single word in over two years. When he saw Schecky at Gut Aiderbichl, he wanted to sit on the pony's back. I gladly gave my permission. Held by his mother, Eric sat on the pony like a king. His parents lit up with joy to see Eric being happy. But it was about to get even better. Brimming with joy, little Eric looked at his dad and said out loud, "Daddy!"

Eric keeps coming back to visit his buddy Schecky to this day. Well developed by now, he's in the tender care of his doctors, therapists and, above all, his parents. Recently, he handed me a self-made picture as a token of appreciation for the friendship that a small, betrayed Shetland pony has given him.

However, it's not always the death of its owner that can drastically alter the life of a horse. Flambert and Fridolin were the sweethearts of a lady who'd been legally incapacitated, according to the trader, who gave us both of them. They were elegant saddle horses that had reached old age. At the time, they were under the insufficient care of a trustee without any experience in horses: Until their fate was decided, they were kept in a dark shed. After many months of deliberating what to do with them, he called the trader. By that time, the horses were emaciated to the point that their ribs were showing, their eyes were hollow and they were in pain. Their apparent worthlessness, however, proved to be their deliverance. Other than us, there would have been nobody to take them in right away, especially not the trader. That's because the act in itself of nurturing back to health animals that are in such bad shape, including damaged intestinal walls, requires maximum care, observation by reliable experts, and experienced doctors.

Today, it's safe to say that these two ponies have bounced back. They were lucky. But their case is just a drop in the bucket, given the many thousands of other animals to fall victim to unplanned behavior. If you own horses, please seek out advice on how to make preparations for the worst. Every single animal involves a life. And every living being is entitled to that. And that's not all that's at stake. There's also the question of what to do when any partner suddenly needs our help. Today it's a horse we leave behind; tomorrow it's a person. And before we know it, we're the ones that are left behind. Isn't it scary how a neglected life can come back to haunt us?

Der letzte Vorhang für Showpferde

The Final Curtain for Show Horses

Der Schwarze
Abschied aus der Manege

Ein Zirkusdirektor erklärte mir, sein Paradepferd, ein stolzer, schwarzer Friesenhengst, sei alt geworden. 23 lange Jahre war er in der Manege aufgetreten. Jetzt bat mich der Zirkusdirektor, ihn bei uns aufzunehmen. Das ist schon mindestens fünf Jahre her.

Mit gemischten Gefühlen machte ich mich auf den Weg nach Graz, wo der Zirkus gastierte. Seitdem ich Tierschützer bin, war ich nie mehr im Zirkus. Diesmal aber ging es darum, einem Pferd zu helfen und zugleich die Geste des Zirkusdirektors publik zu machen. Sein Verhalten diesem Tier gegenüber war geprägt von menschlichem Anstand, und es gehört zu meinen Prinzipien, das der Öffentlichkeit mitzuteilen, denn Vorbilder sollten der Nachahmung empfohlen werden.

Nach einem Gespräch mit dem Zirkusdirektor und seiner Tochter, der Dressurreiterin, ging ich in das Stallzelt. Es war geräumig, hatte gute Luft, und die Boxen waren mit Sägespänen eingestreut. Was fehlte, war ein Freilaufplatz für die Pferde.

Während die Zirkusvorstellung begann, kamen die Stallburschen in das Zelt der Pferde. Sie legten ihnen türkisfarbene Halfter an. Es waren bestimmt ein Dutzend Hengste. Wenn ich an den „Zirkus" daheim auf Gut Aiderbichl denke, den wir mit einem einzelnen Hengst veranstalten, dann habe ich an diesem Abend viel gelernt. Bei uns dürfen nur die besten Leute Hengste führen. Keinerlei Kontakt zu Stuten und anderen Hengsten, bis sie kastriert sind! Nichts von alledem hier. Junge und alte Hengste blödelten miteinander und dann geschah das Unglaubliche. Die Stallburschen öffneten die Boxen, führten nur das eine oder andere Tier und die übrigen folgten freiwillig.

The Black Horse
Farewell from the Circus

A circus director once told me how his parade horse, a proud, black Friesian stallion, had become too old. He'd spent 23 long years performing in the ring. Now the circus director was asking me to take the horse in. This was at least five years ago.

I had mixed feelings when I made my way to the Austrian town of Graz, where the circus was performing at the time. Ever since becoming an animal protectionist, I hadn't been to a circus even once. This time, however, it was about helping a horse and also about publicizing the circus director's action. His treatment of this animal was a display of human decency, and my philosophy is publicly to promote that humane treatment in order to inspire similar acts amongst other people.

After talking with the circus director and his daughter, the horse trainer, I went inside the stable tent. It was roomy, the air was good and the boxes were lined with sawdust. What was missing was an unrestricted exercise area for the horses.

As the circus performance began, the stablemates came into the horses' tent and put turquoise harnesses on them. There must have been at least a dozen stallions. Compared to our "circus" back home on Gut Aiderbichl, which stars one single stallion, I must say that I learned a lot that evening. At our place, only the best people may lead stallions. We don't allow any contact with mares and other stallions until they've been neutered! Here, on the other hand, I watched as young and old stallions fooled around with each other, and then I saw something incredible: The stablemates opened the boxes, led out one animal here and another one there, and the others followed just voluntarily.

Gemächlich schritten sie zum großen Zirkuszelt. Ich war sprachlos. Aber es sollte noch besser kommen. Hinter dem Vorhang stellten sich die Hengste nebeneinander in einer Reihe auf. Aus der Manege drangen laute Trommelwirbel, dort spritzten gerade die Clowns mit Wasser herum, und jede ihrer Bewegungen wurde von einem lauten Paukenschlag begleitet. Auch das war für die Hengste kein Problem.

Nach einigen Minuten kam ein Pfleger mit türkisfarbenen Buschen, die er den Pferden auf ihren Köpfen an das Halfter schraubte. Sie standen immer noch still. Dann hörte man aus der Manege die Ankündigung der Pferdedressur.

Plötzlich machte sich Ruhe in der Hengst-Gruppe breit. Kein angewinkeltes Bein, kein gegenseitiges Necken mehr. Als dann, „wusch!", der Vorhang hochgerissen wurde, galoppierten sie in die Manege und präsentierten ihr Programm. Das hat mich weniger interessiert – ich blieb hinter den Kulissen stehen. Durch einen Schlitz im Vorhang allerdings sah ich, dass sie ihre Nummer in einem unglaublichen Tempo absolvierten.

Zwischenzeitlich hatten sich Kamele aufgereiht, und es herrschte Gedränge, als die Hengste aus der Manege kamen. Brav blieben sie im Bereich hinter dem Vorhang stehen. Die Pfleger nahmen in aller Ruhe die Buschen von den Pferden ab und schlenderten mit ihnen zurück in ihr Zelt. Dort wartete der Schwarze, der an dieser Vorstellung schon nicht mehr teilgenommen hatte. Freudig wiehernd begrüßte er seine Kompagnons.

Ganz zum Schluss wurde der Schwarze in seiner türkisenen Montur feierlich in die Manege gebracht und an mich übergeben. Abschiedsworte des Direktors – und dann Abfahrt nach Gut Aiderbichl.

They casually marched to the big circus tent. I was speechless. But that wasn't all! Behind the curtain, the stallions all lined up next to each other. Loud drum rolls were coming from the ring outside, where clowns were spraying water around, all of their moves accompanied by the loud beats of a kettledrum. The stallions remained unfazed by it all.

A couple of minutes later, a caretaker showed up with turquoise-colored pompoms, which he proceeded to attach to the harness on the horses' heads. The horses just remained still. Then we heard the announcement of the horse show out in the ring.

Suddenly there was a calm within the group of stallions. No more legs at an angle, no more mutual nicking. Then the curtain went up with a "whoosh" and they all galloped into the ring and presented their show. I wasn't all that interested in the show, so I remained behind the stage. A gap in the curtain, however, allowed me to witness the amazing speed with which the animals delivered their performance.

Meanwhile, a group of camels had lined up too and things got crowded when the stallions returned from the ring. They all remained nicely in their area behind the curtain. The caretakers easily removed the pompoms from the horses and took them back to their tent. Inside, there waited the black horse, which didn't even participate in the show anymore. Whinnying happily, he welcomed his companions.

It wasn't until the very end of show that the black horse was led into the ring in his turquoise outfit and ceremoniously handed over to me. Following a small farewell speech by the director, the black horse was en route to Gut Aiderbichl.

The ride back was quiet. I had a lot to think about. Like a stable that used to serve as temporary housing for some of my horses and offered absolutely nothing in the way of exercise. Horses either rode fully out in the open or inside a hall. The rest of the day, they spent in their boxes. One day was solely for resting, which meant staying in the box all day long. It occurred to me that circus horses never spent much time out in the open either, but at least they had daily routines that inevitably forced them to deal with people. It was more a matter of eye-to-eye contact than contact through harnesses. These horses didn't even seem to know the meaning of fear. Even today, I still struggle to put these experiences into words and I'm afraid some people will find it hard to understand where I'm coming from.

Während der Heimfahrt war es still im Auto. Ich musste über vieles nachdenken. An einen Stall, in dem früher für kurze Zeit einige meiner Pferde standen. Die Leitung der Anlage hatte gänzlich auf Ausläufe verzichtet. Entweder Ausritt oder Ritt in der Halle. Den Rest des Tages verbrachten die Pferde in der Box. An einem Tag war Ruhetag, also nur Box. Dann dachte ich an die Zirkuspferde, die zwar auch keinen Auslauf hatten, aber wenigstens Tagesabläufe, in denen sie zwangsläufig mit Menschen zu tun hatten. Mehr Auge in Auge als Zügelkontakt. Angst schien keines zu haben. Ich habe heute noch Hemmungen über diese Erfahrungen zu schreiben und befürchte, dass mich nicht jeder verstehen kann.

Der Schwarze brauchte Zeit, bis er richtig glücklich bei uns wurde. Zwar war der Tausch des Zirkuszeltes gegen ein Himmelszelt und der Manege gegen große Weiden bestimmt kein Nachteil für ihn, aber man spürte, dass er Heimweh hatte. Nach und nach legte sich das, und er wurde immer glücklicher in seinem neuen Leben.

Nur einmal, ein knappes Jahr nachdem er zu uns kam, sah ich, wie sich eine Besuchergruppe besonders für ihn interessierte und um seine Koppel herumstand. Er fühlte sich grandios an diesem Tag und stellte sich in Pose. Die Besucher klatschten, als er plötzlich ein Bein nach vorne streckte und sich vor ihnen verbeugte. Aus dem Klatschen wurden Standing Ovations für den Zirkusveteranen. Dann tat er etwas, was er nie wiederholte: Er begann auf der rechten Hand anzugaloppieren, in einem großen Kreis, dann drehte er sich, galoppierte weiter und führte offensichtlich sein gesamtes Zirkusprogramm vor. Das war sein eigentlicher Abschied von der Manege.

Beim Weidegang auf Gut Aiderbichl lernte er Noah, einen Wallach aus einer bankrott gegangenen Westernshow kennen. Dass die beiden beste Freunde wurden, hat bestimmt mit ihrer ähnlichen Vergangenheit zu tun. Unsere geretteten ehemaligen Polizeipferde zum Beispiel suchen und finden sich auch unter hunderten anderer Pferde auf dem Gut und bleiben am liebsten unter sich. Gleich und gleich gesellt sich gern.

Der Schwarze ist nach wie vor ein Hengst, aber so brav, dass man ihn mit jedem Pferd zusammenbringen kann. Eines ist sicher, der Schwarze wird bis zu seinem letzten Atemzug ein Profi mit Haltung bleiben.

Gewidmet allen Zirkuspferden der Welt.

It took time for the black horse to become really comfortable around us. Although moving from a circus tent to a tent where only the sky's the limit and transferring from the ring to wide-open pastures certainly didn't make things any worse for the black horse, you could tell he still missed the old days. Gradually, however, those feelings seemed to give way to an increasing sense of happiness with his new environment.

I remember one day, almost a year after he joined us, when I saw a group of visitors take special interest in him and gather around his paddock. On that day, he felt larger than life and started performing for them. The visitors applauded as they watched him suddenly stretch one leg forward and bow before them. Before long, this circus veteran had no problem turning their applause into standing ovations. That was he did something he never did again: He started to gallop on his right front leg in a large circle. Then he turned around, kept on galloping and seemingly presented his entire circus program. That moment presented his actual farewell from the ring.

Out on the pasture at Gut Aiderbichl, he met Noah, a gelding from a Wild West show that had gone bankrupt. It must have been their similar pasts that made them best friends. For instance, former police horses we saved can tell each other apart from among hundreds of other horses and they mostly prefer to stay within their own group. I suppose you could say birds of a feather flock together.

The black horse is still a stallion, but he's so well behaved we can put him together with any horse. It's safe to say that the black horse will be a professional with composure until his dying breath.

This is dedicated to all circus horses in the world.

Ösci's letzter Ritt

Pferde sind Fluchttiere und von Natur aus reagieren sie nervös auf alles um sie herum. Auch die Gefahr, die von oben kommt, wissen sie wahrzunehmen. Der Feind könnte ja ein Tiger sein, der aufspringt und sich am Nacken festbeißt. Weshalb uns Menschen gerade diese Momente reizen, ist unerklärbar.

Der brave Wallach Ösci erlaubte es 15 Jahre lang der Tigerin Princess, auf seinem Rücken zu reiten – und das im Zirkus. Jetzt ist er 25 Jahre alt geworden. Sein Dompteur hat sich nichts sehnlicher gewünscht, als dass sein Pferd nicht zum Schlachter, sondern nach Aiderbichl kommt.

Am 2. November 2007, gegen 21 Uhr, fand seine letzte Vorstellung statt. Ösci ist jetzt auf Gut Aiderbichl in Henndorf.

Und wir denken immer wieder darüber nach, ob wir nicht auch für Princess einen Platz finden könnten. Vielleicht weiß ein Leser dieses Buches von einem?

Ösci's Last Ride

Horses tend to be evasive animals and it's in their nature to react nervously to whatever's around them. They can also detect danger coming from above. For all they know, the enemy may be a tiger jumping up to sink its teeth into their necks. The reason why we humans react to these moments in particular the way we do is mind-boggling.

Ösci, a good-natured gelding, put up with 15 years of carrying Princess, a tiger, on his back–in a circus. He's now 25 years old. His trainer wanted nothing more than for his horse to be brought to Gut Aiderbichl, rather than to some butcher.

His farewell performance took place on November 2, 2007, around 9.00 p.m. Ösci now resides at the Gut Aiderbichl sanctuary in the village of Henndorf.

We also keep wondering whether we couldn't find a suitable place for Princess as well. Suppose somebody reading this book can help us out?

DIE VIER SCHIMMEL VOM RINGEL-SPIEL

Wir Menschen haben oft eine sehr unsensible Wahrnehmung. Mit der gleichen Gelassenheit, mit der wir einen Wasserhahn öffnen, nehmen wir Bilder der Dritten Welt hin: Wenn wir Mütter, hinter sich einen Schwarm von Kindern, riesige Wasserbehälter auf dem Kopf balancieren sehen, weil sie vom Brunnen zurückkommen, reagieren wir unter dem Motto: „Denen geht es halt so, uns geht es halt anders, aber Sorgen haben wir auch". Sehen wir ein Wasserschöpfrad, kommt es uns idyllisch vor, obwohl es von Eseln angetrieben wird, die ein Leben lang stumpfsinnig im Kreis laufen.

Aber wir müssen gar nicht so weit fort, um zu erkennen, dass wir zu wenig bedenken, was wir sehen. Die Reitbahn auf dem Rummelplatz, z.B, setzt Pferde und Ponys ein, die eng angebunden, monoton hintereinander herlaufen. Kleine Kinder halten es dann für selbstverständlich, dass es so etwas gibt: ein Karussell, das lebt. Von so einer „Reitbahn" kommen unsere vier Schimmel: Leslie, Ali Baba, Toni und Zenzi. Wir kauften sie einem Pferdehändler ab, denn am Ende ihrer Volksfestplatz-Karriere wartete nicht ein Leben auf einer Koppel auf sie, sondern der Metzger.

Der Händler hätte uns gar nichts über ihre Herkunft zu erzählen brauchen. An den ersten Tagen auf der Weide liefen sie hintereinander im Kreis. Es hat einige Zeit gedauert, bis wir sie davon überzeugen konnten, dass sie uns nichts bieten müssen, um von uns geliebt zu werden.

The Four White Horses from the Fairground

As humans, we often have a very dispassionate way of seeing the world. For example, we can accept images from the Third World as casually as we open a faucet. When we look at mothers balancing large water jugs on their heads as they return from the local well with a throng of children in tow, we usually think, "Well, that's just the way they live. Sure, we live differently, but we have our share of problems too." Seeing a water-pumping wheel, we think it's romantic, and never mind the fact that it's run by donkeys that spend their whole lives numbly walking around in a circle.

But it doesn't take exotic places for us to realize that we spend too little time thinking about the things we see. Horse shows at fairgrounds, for example, display horses and ponies monotonously following each other around in a circle while they're closely tied to each other. Little kids then begin taking this kind of thing for granted–a living merry-go-round. That's the kind of "horse show" our four white horses come from: Leslie, Ali Baba, Toni and Zenzi. We bought them from a horse dealer, because once their careers at the fairground came to an end, all they had to look forward to was not a life in a corral, but some butcher.

The dealer didn't even need to tell us where they came from. All they did on their first days out on the pasture was follow each other around in a circle. It took considerable time for us to convince them that they didn't have to prove anything to be loved by us.

Wahre Freundschaft

TRUE FRIENDSHIP

Laura, Jasmin und viele andere Ex-Reitschulpferde

Lieber Michael von Aiderbichl,
mein Name ist Jasmin, ich bin 19 Jahre alt, bis jetzt gesund gewesen und stehe in einem Reitstall in K.
Seit dreizehn Jahren bin ich ein „Schulpferd", wie sie sagen.
Ich liebe die Kinder, die in meine Box kommen, mich streicheln, mir Leckereien bringen, Zeit für mich haben. Die schönste Zeit für mich war, als ich meine Kinder bekommen habe. Da durfte ich viel auf die Koppel, laufen, mit Bienen und Schmetterlingen spielen, an Blüten riechen, Gras fressen, mit meinem jeweiligen Kind spielen – einfach glücklich sein!
Aber jetzt bin ich sehr traurig. Meine Box ist 3 x 3 Meter groß mit Eisenstäben davor. Das Fenster ist den ganzen Winter und auch im Frühjahr geschlossen. Weißt du, welche herrlichen Gerüche in den Stall strömen, wenn die Türen offen stehen? Frühling, mein Leben.
Jetzt stehe ich immer öfter in der Box, meine Hufe tun so weh. Die Tierärztin sagt, ich brauche dringend eine Behandlung für meine Hufbeinsenkung, die sehr schmerzhaft ist. Mein Eigentümer aber hat verboten, dass ich behandelt werde. Zu aufwendig, zu alt.
Ich müsste längere Zeit ohne Belastung von Schulstunden stehen. Ich bringe nichts mehr, so seine Meinung. Dabei hilft mir unser Pfleger Adi, wo er nur kann. Wenn er merkt, es tut mir zu weh, nimmt er mich auf seine Verantwortung aus der Schulstunde. Ich brauch' auch oft nur eine Stunde „gehen".

Laura, Jasmin and a Whole Lot of Other Riding-School Veterans

Dear Michael at Aiderbichl,

My name is Jasmin, I'm 19 years old, I've always been in good shape and I currently reside in a horse-riding box somewhere in the town of K.
For 13 years, I've been what they call a training horse. I love the kids, who come into my box, pat me, give me sweets and who are willing to spend time with me. The happiest time in my life was when I had my own children. That's when I was given plenty of time to roam out on the corral, play with bees and butterflies, sniff flowers, eat grass, play around with my young–it was all about being happy!

Today, however, I'm very sad. My stable measures 10 by 10 feet and I'm looking through iron bars. There's a window, but it's closed all winter and all spring long. Can you imagine the delightful aroma in the barn when the doors are left open? Oh, spring, sweet spring.
These days, I spend more and more time in my stable, because my hooves hurt so bad. The vet says I need urgent treatment for the sinking of my coffin bone, which is very painful. Unfortunately, my owner won't allow me to be treated, claiming that it's too costly and that I'm too old.

Dann muss sich halt Adi wieder einiges anhören. Ich weiß, dass er auch schon heimlich den Tierarzt für mich bezahlt hat. Mehr kann er nicht tun.
Vor einigen Tagen sind schlimme Worte in der Stallgasse gefallen. Gnadenschuss, Giftspritze oder Abtransport? Es hört sich so bedrohlich an. Ich weiß, sie meinen mich. Adi geht mit unendlich traurigen Augen herum. Dabei war vor kurzem eine Frau da, die hat gemeint, mein Leiden kann geheilt werden. Freilich, Schulpferd kann ich keines mehr sein, aber ich könnte bis 30 Jahre alt werden.
Und jetzt ist etwas passiert: Sabine hat mir von Dir erzählt. Von einem Ort namens Aiderbichl. Sie hat gesagt, das ist der Tierhimmel auf Erden für lebende Tiere, wie ich es bin. Sie hat mir erzählt, wie viel Tierleid Du mit Deinen Helfern in Freude und Glück umgewandelt hast. Ich habe ihr gesagt, sie muss Dir schreiben. Für Sabine war das ganz klar. Sie kann mir nicht viel helfen. Sabine kann jetzt nicht mehr alle Tage kommen, aber mindestens einmal die Woche kommt sie nachschauen und hat auch immer etwas mit. Sie hat versprochen, Dir einen Brief zu schreiben. Sie hat erzählt, dass Du schon vielen Tieren ein Zuhause gibst, und dass es die Möglichkeit gibt, dass mich jemand holen könnte und mir ein neues liebevolles Zuhause gibt. Sabine beruhigt mich – es ist kein Schlächter, bestimmt nicht.
So, sie hat mir heute den Brief vorgelesen und ich bin einverstanden damit und, lieber Michael (heißt nicht ein großer Engel so wie Du?), ich lege meine ganze Hoffnung in diese Zeilen. Bitte, wenn es irgendwie möglich ist, hilf mir!
Jasmin.

Jasmin hat eine junge Fürsprecherin gefunden, die in der Lage war, aus ihrer Sicht die Gefühle eines Pferdes zu beschreiben, das im Dienste einer Reitschule steht. Wir haben ihre Bitte selbstverständlich erhört und Jasmin bei uns auf Gut Aiderbichl aufgenommen. Aber nicht nur Jasmin, auch ihre Boxennachbarin Laura und weitere Reitschul-Pferde aus diesem Stall kamen hierher.

Man wird sich fragen, weshalb manche Besitzer von „Schulpferden“ nicht selbst erkennen, was ihre Tiere brauchen. Auch wie stark die Nerven der Pferde sein müssen, wenn sich täglich die unterschiedlichsten Menschen auf ihren Rücken setzen und ihr Können ausprobieren. Oft im Stundentakt.

Ohne Reiter gäbe es nicht so viele Pferde, das ist schon klar. Ohne Ausbildung gäbe es allerdings auch keine guten Reiter. Wir brauchen also Reitschulen, die allerdings oft das

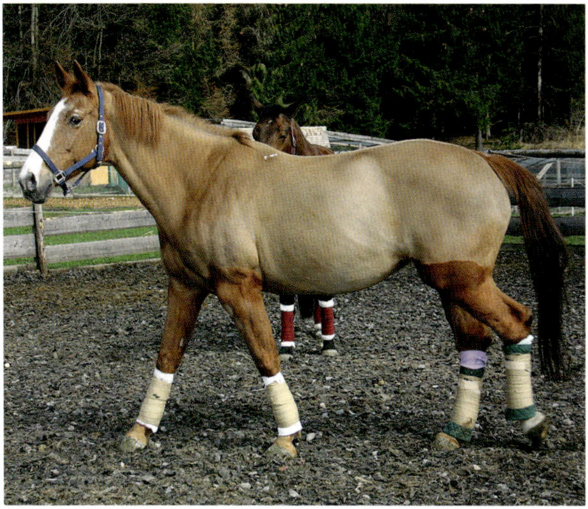

He further claims that I would have to stand for a prolonged time without any burden of riding lessons, and that I'm over the hill, anyway. Meanwhile Adi, our caretaker, helps me out wherever he can. When he notices I'm just hurting too bad, he removes me from the riding lessons and takes full responsibility for it. Many times, I don't have to ride for more than an hour. Adi usually takes the heat for it. I also know that he has secretly paid the vet out of his own pocket on occasion. He's really doing the best he can.

Several days ago, I overheard some ugly words being mentioned in the passage of my barn. Mercy shooting, lethal injection or final removal? It sure sounds ominous. I know they're talking about me. Adi walks around with an infinitely sad look in his eyes. But wasn't a woman here not long ago, who thought my ailment could be cured? Of course, my days as a training horse would be over, but I could still live to be 30 years old.

Now, however, something has changed: Sabine has told me about you. About a place called Aiderbichl. She told me it's a paradise on earth for living animals like me. She told me how much animal suffering you and your helpers have turned into happiness and peace. And I told her she's got to write to you. Well, Sabine didn't need to be told twice. There's not a whole lot she can do for me. She can't come see every day like she used to, but she still checks in on me at least once a week and always has some goodies for me too. She promised me she'd write a letter to you. She also told me you've given many animals a new home and that it's possible for someone to pick me up so I can have a new, loving home too. Sabine also assures me you're not just some kind of butcher–far from it! Well, today Sabine read her letter to me and it sounded great to me. So, dear Michael (isn't there a great angel named just like you?), I am placing all my hope in these lines. Please, if there's any way at all, help me!

Jasmin.

Problem haben, nicht rentabel zu sein. Da kommen Sorgen auf, die mit Pferden nichts mehr zu tun haben, und dann sorgt man sich um die Pferde wenig.

Gemessen an dem harten Leben, das manche Reitstallbesitzer sich zumuten, geht es den Pferden aus ihrer Sicht grundsätzlich gut. Aber wenn es dem Reitstallbesitzer schlecht geht, kann er sich, ganz anders als die Pferde, damit trösten, dass er sich die Arbeit freiwillig ausgesucht hat. Die Pferde verstehen nicht, was mit ihnen geschieht, wenn Reitschüler sie mit Gerte und Sporen traktieren. Sie kommen durcheinander, weil sie sich gestraft fühlen, obwohl sie nichts verbrochen haben. Nur besonders einfühlsame Reitlehrer und Reitstallbesitzer können mit einer so schweren Aufgabe verantwortungsvoll umgehen.

Die Liste der Ex-Reitschulpferde auf Gut Aiderbichl ist lang und wird immer länger. Sie brauchen viel Zeit, bevor sie verstehen, dass sie nie wieder für das Freizeitvergnügen der Menschen herhalten müssen. Dann werden sie wieder Pferde. So wie Jasmin.

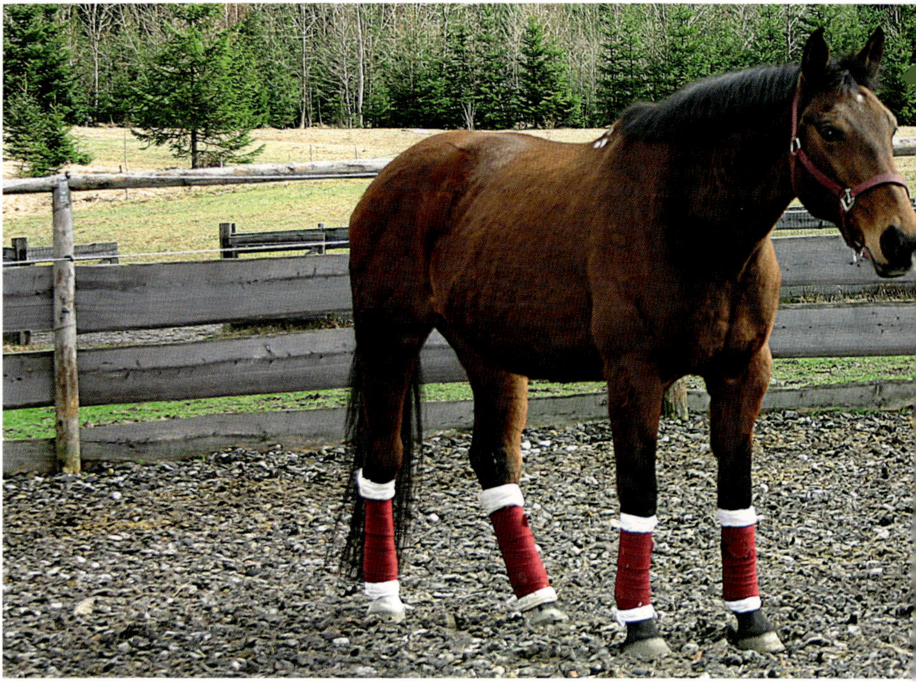

Jasmin had found a young protector, who was able to transcend through her perspective the feelings of a horse serving at a riding-school. It goes without saying that we followed her request and brought Jasmin to our Gut Aiderbichl sanctuary. And not only did we take in Jasmin, but also her box neighbor, Laura, and several other training horses from that stable.

The question arises why some owners of "training horses" can't see for themselves what their horses need. And let's not forget what kind of nerve it takes for horses to have all kinds of people sit on their backs trying out their skills on them everyday–often by the hour.

Obviously, without riders, there wouldn't be as many horses. On the other hand, without training, there wouldn't be any good riders either. So we need riding-schools. The problem is that quite a lot of them struggle to make a profit. They have to deal with issues that have nothing to do with horses, while the well-being of the latter takes a backseat.

Looking at their own demanding lives, some riding-stable owners tend to view the lives of their horses as a day on the beach. Unlike their horses, however, whenever these owners have a bad day, they can find consolation in the fact that they choose their jobs of their own free will. Horses can't understand what's happening to them when riding students use rods and spurs on them. They're actually confused by it in that they feel like they're being punished, even though they haven't done anything wrong. It takes especially sensitive riding instructors and riding-stable owners to handle such a difficult task responsibly.

The list of former riding-school horses at Gut Aiderbichl is long and keeps getting longer. They need a lot of time before they understand they will never again have to serve as a leisure pastime for mankind. That's when they can be horses again. Like Jasmin.

Quintus lebt dank Kameradentreue

Wer einem Polizisten hoch zu Ross begegnet, ist beeindruckt. Mit ein Grund dafür, dass Pferde bei Fußballspielen, Demonstrationen und Konzerten eingesetzt werden. Die uniformierten Reiter erinnern die Menschen daran, ihre Emotionen nicht eskalieren zu lassen. Aber wenn Reiter und Pferd von ihrem Einsatz zurückkommen und den Stall betreten, dann verabschieden sich zwei Kameraden für den Rest des Tages. Es wäre traurig, wenn es da keine Innigkeit zwischen beiden gäbe.

Bereiter Stefan von der Münchner Polizeistaffel ist nicht der einzige Bereiter eines Polizeipferdes, der seinem Tier die Möglichkeit zur Nähe gibt. Da fallen einem dann die Kleinigkeiten auf, die Stimmung des Tages, vielleicht etwas schmusebedürftig heute? Oder dass das Pferd eine Zahnbehandlung bekommen sollte. Der Trend, auch Tieren gegenüber Gefühle zeigen zu dürfen, setzt sich auch in vermeintlichen Machoberufen immer mehr durch. Erfreulicherweise nicht nur bei Frauen, sondern auch bei Männern. Wir möchten das mit Beispielen zeigen, um zu danken und andere zu motivieren, zu ihren Gefühlen gegenüber Tieren zu stehen.

Quintus Is Alive Thanks to the Loyalty of His Fellow Human Officers

A policeman riding on horseback is an awe-inspiring sight. It's just one of the reasons that horses come to use at football games, protests and concerts. Their uniformed riders remind people to keep their emotions in check. When these riders and their horses return from their missions and enter the stable, however, they're like two comrades saying their good-byes at the end of their shifts. Wouldn't it be sad if there weren't some kind of bond between them?

Stefan, a horse trainer working for the Munich police, isn't the only trainer of police horses who allows his animals to be close to him. It helps keep him aware of small things, a horse's mood on any given day, like, is it in the need for a little petting today? Or maybe one horse needs to have his teeth checked. There is an unstoppable trend of openly showing emotion towards animals, even in professions commonly associated with machismo. Thank God, this is not only among women, but among men too. We'd like to demonstrate this with a number of examples as a way of gratitude and also as an inspiration for others to stand behind their feelings for animals.

Most little foals are born on the properties of breeders. Shortly after its birth, the foal stands up to nurse on the colostrum of its mother that's vital for its survival. This foremilk is enriched with nutrients that render the foal immune to illness and that give it everything it needs in order to survive the next days.

Horses are gregarious animals, so the little foal is wholly dependant on its mother. If we compare the feelings of human mothers for their newborns to those of dams for their foals, we won't find any differences. Nature has made provisions for those animals that need one another by giving them a sense akin to guardianship. This is the start of the most wonderful time in the life of a foal: The first excursions with its mother. The foal becomes aware of its mother's relationship to humans, with the mare generally signaling to its offspring, "It's OK. These creatures can be trusted. They give you food, a nice stable and they call a vet or blacksmith when necessary."

After six months, the first auctions start getting underway. That's when experts start separating the horses like wheat from the chaff, and these experts aren't known for being

Wenn ein kleines Fohlen geboren wird, geschieht das in der Regel bei einem Züchter. Kurz nach der Geburt steht das Fohlen auf und trinkt die lebensnotwendige Biestmilch der Mutter. Diese Milch ist angereichert mit Nährstoffen, die gegen Krankheiten immunisiert und dem Fohlen all das mitgibt, was es braucht, um die nächsten Tage zu überleben.

Pferde sind Herdentiere, und das kleine Fohlen ist ganz auf seine Mutter angewiesen. Vergleicht man das Gefühl menschlicher Mütter für Neugeborene mit dem der Pferdemütter für ihre Fohlen, findet man keinen Unterschied. Die Natur hat vorgesorgt und die Tiere, die einander brauchen, mit einem Sinn für etwas wie Fürsorge ausgestattet. Dann beginnt die schönste Zeit im Leben des Fohlens. Die ersten Spaziergänge mit der Mutter. Das Fohlen nimmt das Verhältnis der Mutterstute zum Menschen wahr, und die Mutter signalisiert in der Regel ihrem Kind: Diesen Lebewesen kannst du vertrauen. Sie versorgen dich mit Futter, mit einem gepflegten Stall und rufen den Tierarzt und den Schmied, wenn es notwendig ist.

Nach einem halben Jahr gibt es dann die ersten Auktionen. Fachleute trennen dann den Hafer wie den Weizen von der Spreu, und dabei entscheidet in der Regel nicht das Herz. Menschen glauben, bei Fohlen feststellen zu können, ob es sich um besonders gute Vertreter seiner Rasse handelt, oder nicht.

Quintus galt schon früh als ein Pracht-Exemplar und nach den aufregenden Jahren seiner Jugend auf den Weiden und mit Artgenossen, wurde er eingeritten und kam später zur Pferdepolizeistaffel nach München. Die Ausbildung, die ihn dort erwartete, machte ihn zu einem krisensicheren Kameraden für seinen Bereiter Stefan. Ob Pistolenschüsse oder Feuer, Quintus hat eines gelernt: Solange der Mensch bei ihm ist, genießt er seinen Schutz und kann entspannt sein. Das entspricht zwar ganz und gar nicht seiner natürlichen Veranlagung als Fluchttier, aber für ihn gilt: Vertrauen gegen Vertrauen.

Dann diagnostizierte der Tierarzt bei ihm Arthrose. Er war fortan untauglich für den Polizeidienst. Sein Bereiter Stefan wusste nicht, was er machen sollte. Einerseits ist die Haltung eines Pferdes sehr teuer und nicht mit dem Einkommen eines Polizisten zu bezahlen. Andererseits hatte er doch Quintus immer zu verstehen gegeben: „Vertraue mir!“. Unermüdlich haben sich Stefan, seine Vorgesetzten und seine Kollegen bemüht, einen Platz für Quintus zu finden. Einen Verrat an einem Lebewesen, das soviel Vertrauen geschenkt hatte, wollten sie nach Möglichkeit nicht begehen müssen.

guided by their hearts. People believe they can tell by looking at a foal whether it's a particularly good representative of its breed or not.

Quintus was considered a fine example early on and, following the exciting years of his youth out on the pastures with his fellow horses, he was broken in and thereafter came to the mounted unit of the Munich Police Department. The training that awaited him there turned him into a crisis-proof partner in the eyes of Stefan, his trainer. Be it gunshots or

fire, Quintus has learned one thing: As long as man is there for him, he can rely on his protection and remain calm. This may be in total contradiction to his natural instinct of evading danger, but he's become a firm believer in mutual trust.

Then a veterinarian diagnosed Quintus with arthrosis. That made him permanently unfit for police service. His trainer Stefan was at a loss. On the one hand, the maintenance of a horse is a very costly process, outweighing the salary of the average police officer. On the other hand, hadn't he always indicated to Quintus that he could trust him? So Stefan, his supervisors and colleagues looked tirelessly for a new place for Quintus. Nobody

Dass Quintus heute auf Gut Aiderbichl in Bayern lebt, ist nicht selbstverständlich. Wir sind hoffnungslos überfüllt. Aber wie anders hätten wir in diesem Fall entscheiden können? Quintus musste zu uns kommen können. Heute ist er ein Aiderbichler.

Als ich vor knapp zehn Jahren das ausgemusterte Polizeipferd Dorian übernehmen wollte, war das noch gar nicht so einfach. Mein Wunsch war ungewöhnlich und erst nach langem hin und her entschied sich die Polizeidienststelle, das „Risiko“ einzugehen und erlaubte die Übernahme. Obwohl sonst der Tod von Dorian besiegelt gewesen wäre.

Heute, zehn Jahre später, ist ein Vertrauensstatus zwischen der Reiterstaffel in München und Gut Aiderbichl hergestellt, wie er besser nicht sein könnte. Gleich drei Pferde der berittenen Polizei durften auf Wunsch der Beamten auf Gut Aiderbichl Einzug halten. Die beiden Ex-Polizeipferde Nixon und Kronos trafen im Dezember auf Gut Aiderbichl Bayern ein. Dort lebt bereits seit dem Frühjahr 2007 ihr ehemaliger Kollege Quintus.

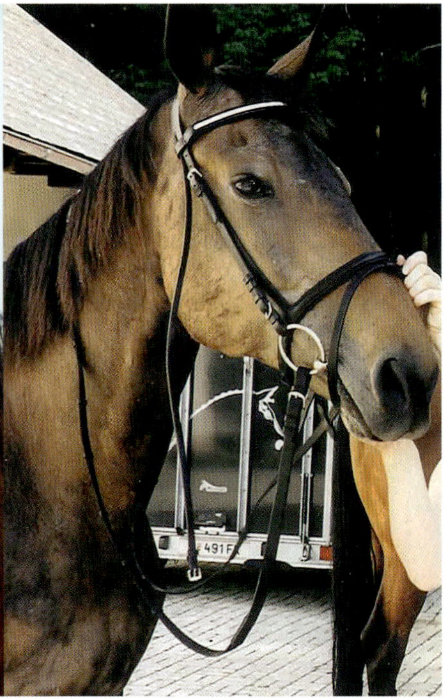

should ever be able to accuse them of betraying a living being that had trusted them so deeply–not if they could help it.

The fact that Quintus now lives at Gut Aiderbichl in Bavaria is not a matter of course. We're hopelessly overcrowded. But how could we have decided differently in his case? We just had to find a way to take Quintus in. In any case, today he's a resident of Aiderbichl.

But things were even tougher ten years ago, when I intended to take in Dorian, another decommissioned police horse. My request being unusual, the police precinct debated for a long time whether to take such a "risk" before they granted my request, even though they knew that denying it would have sealed Dorian's fate.

Today, ten years later, the mounted unit of the Munich Police Department and Gut Aiderbichl enjoy a sense of mutual trust that leaves nothing to be desired. By request of the officers who used to ride them, no fewer than three former police horses have been welcomed to Gut Aiderbichl. Two of them, Nixon and Kronos, arrived at Gut Aiderbichl in Bavaria in December, the same place where Quintus, their fellow retired "officer," has lived since early 2007.

Diana, Lotti, Fiska und Cora

Zur Beschreibung von Pferden beziehen sich viele Menschen auf die Urpferde. Dann heißt es, sie seien ausschließlich bestimmt von ihrem Verhalten als Herden- und Fluchttiere. So spricht man ihnen ihre Individualität ab.

In Wirklichkeit gibt es jedoch viele Pferde, die die Herde meiden und einen starken Hang zu einer platonischen Zweierbeziehung zeigen. Diana, die 18-jährige Stute, die auf einem Bauernhof aufwuchs, vermeidet Gesellschaft, ausgenommen die ihrer besten Freundin Lotti. Sie ist ebenfalls schon 24 Jahre alt, hat früher im Wald gearbeitet, und beide gehören zur Rasse der Noriker. Diese schweren Pferde wurden früher von den Fürstbischöfen von Salzburg gezüchtet, und die Skulpturen des Pferdebrunnens in der Salzburger Altstadt bezeugen ihre damalige Beliebtheit. Inzwischen haben das Züchten die Landwirte übernommen.

Diana, Lotti, Fiska and Cora

When it comes to describing horses, many people refer to the first horses. In doing so, they claim that horses are exclusively characterized by their behavior as evasive herd animals. This allows them to deny these animals their individuality.

The truth is there are plenty of horses out there that avoid living in herds and show a strong inclination towards platonic relationships in twos. Diana, the 18-year-old mare that grew up on a farm avoids company, except for Lotti, her best friend. She's also 24 years old and used to do forest work. Both belong to the Noric breed. In the old days, these heavy horses used to be bred by the prince bishops of Salzburg, Austria, and the sculptures on the *Pferdebrunnen* in the historic center of that city bear witness to the popularity of these horses during that time. Nowadays, farmers take charge of their breeding.

Diana und Lotti wiehern laut auf, wenn eine von ihnen ohne die andere aus der Box geführt wird. Aber wenn sie draußen sind, haben sie nichts Besseres zu tun, als sich zu zanken. Kaum hat sich der Ärger aber gelegt, werden Zärtlichkeiten ausgetauscht und intensive Fellpflege betrieben.

Die Haflingerstute Cora brachte uns eine Bäuerin, als ihr Stall einer Garage weichen musste. Unter hunderten von Pferden entdeckte sie Fiska, ein Fjordpferd aus Würzburg. Zwischen den beiden funkte es sofort, und seit nunmehr vier Jahren sind sie unzertrennlich. Anders als Diana und Lotti gehen Cora und Fiska jedem Konflikt auf der Weide aus dem Weg. Elegant und wohlerzogen ziehen sie sich in eine Ecke zurück, überlassen die Auseinandersetzung anderen und beginnen wieder zu weiden, wenn sich die Gemüter beruhigt haben. So sind sie, die Pferde. Keines wie das andere. Und in Sachen Treue können wir viel von ihnen lernen. Ihre Beziehungen halten, wenn man sie lässt, ein Leben lang.

Diana and Lotti always whinny out loud when one of them is led out of her box without the other. Once outside, however, all they can think of is to quarrel with each other. But as soon as the hubbub is over, they exchange tenderness and some intense fur cleaning.

A farmer's wife brought us Cora, a haflinger mare, after her stable had to make room for a garage. Among hundreds of horses, Cora discovered Fiska, a Fjord horse originally from Würzburg in Germany. The two hit it off immediately, and they've been inseparable for four years now. Unlike Diana and Lotti, Cora and Fiska steer clear of any conflict on the pasture. Elegant and well-behaved as they are, they'll withdraw into a corner, leave the bickering to others and return to eating grass once everybody has settled down. That's the way horses are. None are alike. And as far as loyalty is concerned, there's a lot we can learn from them. Their relationships last a lifetime–if we let them.

Was ich sonst noch über Pferde zu sagen hätte

Wenn Schmerzen mit Launen verwechselt werden

Wer zum ersten Mal das Skelett eines Pferdes betrachtet, wird überrascht sein. Dornfortsätze des Rückgrats zeigen nach oben. Und auf diese Dornen legt der Mensch einen Sattel und setzt sich obendrein noch drauf. Eine ungünstigere Ausgangsbasis, denke ich, kann es für ein Reitpferd doch gar nicht geben. Zu Hilfe kommen da allerdings die Muskelbänder, die daneben liegen. Sie können den Druck abfedern. Aber Muskeln müssen trainiert werden, und das regelmäßig. Wer also sein Pferd nur einmal im Monat reitet, braucht sich nicht zu wundern, wenn sich sein Tier unwohl fühlt.

Ich hatte einmal ein Reitpferd, genannt Le Grand. Es war besonders brav. Damals bevorzugte ich die Halle zum Reiten, weil ich es nicht anders kannte. Ab und zu bockte Le Grand und schien mich abwerfen zu wollen. Ein selbst ernannter Reitpädagoge nahm mich zur Seite und bot mir an, ihn so zuzureiten, dass er diese „Mätzchen" zukünftig unterlassen würde. Le Grand war ein Herz auf vier Beinen und spielte, vielleicht mir zuliebe, mit. Er bockte nie wieder.

Bei einem Check-up, ein Jahr später, wurden seine Muskeln im Bereich des Satteldrucks geröntgt. Ganz deutlich waren Knochensplitter zu sehen. Was muss Le Grand mitgemacht haben? Es tut mir noch heute unendlich leid, dass ich seine Schmerzen mit einer Laune verwechselt hatte. Ein Beispiel von vielen: lauter Fehler, die ungewollt und aus Unwissenheit entstehen und unsere Pferde quälen.

Deshalb rate ich nur sehr erfahrenen Menschen, die in der Lage sind, die Komplexität der Pferde und des Reitens richtig zu verstehen, zur Anschaffung eines Reitpferdes.

Gute Haltung erspart viel Leid und Kosten

Über die Haltung von Pferden, die in Gitterboxen isoliert nebeneinander stehen, kann ich nicht viel Gutes sagen. Pferde brauchen täglichen Kontakt zu ihren Artgenossen, aber natürlich auch einen Platz in ihrer Box, an den sie sich zurückziehen können. Eine Box sollte schon deshalb mindestens 4 x 4 Meter groß sein.

What Else I'd Like to Add on the Subject of Horses

When Pain Is Mistaken for Mood Swings

Anyone seeing the skeleton of a horse for the first time is apt to be surprised. The vertebrae of its spine point upward. It is these vertebrae that humans put saddles on and even sit on. It seems to me like the worst possible starting point for any saddle horse. However, that's where horse's adjacent ligaments come into play, cushioning the load. But muscles need to be exercised on a regular basis. So anybody riding his or her horse only once a month shouldn't be surprised to notice that the animal is uncomfortable.

I used to have a saddle horse named Le Grand. He was extremely gentle. In those days, I preferred horseback riding in a hall, because that was all I was familiar with. Sometimes Le Grand would buck and seemingly try to throw me off. A self-proclaimed riding instructor took me aside offering to break him in so he'd never try any "tricks" like that again. Le Grand had a heart of gold and played along, perhaps for my sake, I don't know. He never bucked again.

During a check-up about a year later, X-rays were taken of his muscles in the area of the saddle sore. They unmistakably revealed bone splinters. What must Le Grand have been going through? Even today, I feel immeasurable guilt at having mistaken his pain for mood swings. This is just one example of the many mistakes committed out of innocence and ignorance that can make our horses' lives a living hell.

For these reasons, I recommend the purchase of a saddle horse only to highly experienced individuals capable of fully grasping the complexity behind horses and the art of horseback riding.

Proper Care Saves a Lot of Pain and Money

I really can't think of anything positive to say about keeping horses isolated in rows of steel boxes. Horses need daily contact with each other and obviously enough room for privacy in their boxes, too. For that reason alone, a horsebox should measure at least 13 by 13 feet.

Auf Gut Aiderbichl gibt es ideale Boxen mit Paddocks, die ebenso groß sind. Das Wichtigste für Pferde ist allerdings frische Luft. Aber bloß keine Zugluft. Mit trockener Kälte haben Pferde in der Regel überhaupt kein Problem. Ältere, die keinen normalen Fellwechsel mehr haben, sollte man mit Decken schützen. Für Pferde ist das Frühjahr die schönste Zeit, wenn sie das erste Mal wieder auf die Weide dürfen. Es ist aber auch die gefährlichste Zeit für sie.

Eine Freundin, die Tierschützerin ist, hatte vor einigen Jahren zwei in Not geratene Pferde freigekauft. Im Frühling öffnete sie den Stall und ließ sie den ganzen Tag auf den prächtigen Weiden Oberbayerns ihr Leben genießen. Wohlwollend und ahnungslos glaubte sie, ihnen den Himmel auf Erden zu bieten. Einige Jahre später, die Pferde waren noch nicht einmal sieben Jahre alt, mussten sie eingeschläfert werden. Was war passiert? Das Gras ist, besonders im Frühjahr, reich an Eiweiß, was für Pferde höchst gefährlich ist. Sie bekamen Hufrehe und weil diese unbemerkt blieb, verschlimmerte sich der Zustand der Beiden derart, dass ihnen nicht mehr geholfen werden konnte.

Deshalb ist das behutsame Anweiden im Frühjahr ganz besonders wichtig. So schwer es auch fällt, sie schon nach maximal einer Stunde wieder in den Stall oder auf Sandplätze zu holen.

Es gibt so unglaublich Vieles bei der Pferdehaltung zu bedenken. Zum Beispiel, dass man Pferden im Sommer schattige Plätze bieten muss, wenn die großen hornissenähnlichen Pferdebremsen auftauchen. In ganz schlimmen Zeiten, wenn die Insekten unerträglich lästig werden, sollte man Pferde deshalb, gut bewacht, nur nachts weiden lassen.

Das sind nur einige wenige Tipps, die Pferdebesitzer, die noch nicht viel Erfahrung haben, motivieren sollten, sich bestens über die Haltung von Pferden zu informieren.

At Gut Aiderbichl, we have ideal boxes with paddocks that are just as large. However, what horses need the most is fresh air, but not in the form of drafts. Horses generally aren't bothered by dry cold, but older horses that no longer change their coats regularly should be protected with blankets. For horses, the nicest time of year is spring when they're allowed out on the pasture for the first time. Unfortunately, it's also the most dangerous time for them.

A number of years ago, a fellow animal protector and good friend of mine bought freedom for two endangered horses. Come spring, she opened the barn and allowed those horses to live it up all day long on the majestic pastures of Upper Bavaria. She was good-hearted and unsuspecting in her belief of having given them paradise on earth. Then, a couple of years later, both horses had to be put to sleep before they were even seven years old. What had gone wrong? Well, spring is the time of year when grass is highly rich in protein, which is extremely dangerous to horses. As a result, both horses developed laminitis, which went unnoticed until their condition deteriorated to the point where neither one of them could be saved.

It is therefore essential to limit the time horses can spend grazing that first time in spring, as harsh as it may seem to bring them back to the barn after one hour at the most, or to move them to areas with sand.

The number of all the aspects to be considered in horse care is truly immense. For example, horses need lots of shade during the summer when those big, hornet-like horseflies make their appearance. As a matter of fact, in worst-case scenarios when these insects become an unbearable plague, you should only let horses graze at night while keeping a watch on them.

These are just a small sample of tips that should motivate novice horse owners to learn all there is to know about proper horse care.

Das Verwirrspiel der Pferdespezialisten

Zehn Pferdekenner – mindestens zehn Meinungen. Was der Eine für gut befindet, lehnt der Andere oft strikt ab. Egal ob es um Haltungsfragen oder medizinische Behandlungen geht, um Magnetfeldtherapie, Schul- oder Alternativmedizin. Die Berater geben sich die Türklinke in die Hand. Und dann steht man da und weiß doch nicht weiter. Deshalb braucht man ein gutes Fingerspitzengefühl dafür, auf wessen Rat man hört. Wer sich Zeit für sein Pferd nimmt, erfährt durch genaues Beobachten beim Pflegen, Führen und Einfüttern oft mehr über sein Tier als ihm andere erzählen können. Wahre Pferdefreunde findet man beinahe immer bei ihren Tieren.

Das Pferd als Mittel zur Imagebildung

So manch einer glaubt, sein Imageproblem mit der Anschaffung eines Pferdes lösen zu können. Es ist einfach das Drumherum, das viele fasziniert. Vom Stammbaum des Pferdes, bis hin zur Reiterbekleidung und glänzenden Sporen. Für viele hat das etwas. Ein wirklicher Tierfreund, der sich ein Pferd wünscht, sollte davon nicht zu beeinflussen sein.

Entgegengebrachtes Vertrauen nicht missbrauchen

Pferde erlauben uns, sie an einem Stallhalfter überall hin zu führen. Obwohl sie viele hundert Kilogramm Muskelkraft haben und es für sie ein Kinderspiel wäre, einfach davon zu laufen. Dass sie es nicht tun, liegt an dem Vertrauen, das sie uns immer wieder anbieten. Doch es gibt viele Menschen, die mit diesem Vertrauensangebot nichts anzufangen wissen und es rigoros ausnutzen.

Manchmal kommt es mir so vor, als würden Menschen von ihren Tieren das verlangen, wozu sie selbst nicht im Stande sind: Disziplin und Höchstleistung. Als Ausgleich dazu ein isoliertes Leben in einer Box.

Voll Bewunderung blicke ich auf Menschen wie Monty Roberts. Ihnen verdanken die Pferde, dass wenigstens in einigen Teilen der Pferdewelt eine Art Revolution stattgefunden hat. Besonders was ihre Ausbildung betrifft.

Some Equestrian Specialists and Their Mind Games

Take ten horse experts and you get ten opinions or more. What's good to one expert is often bad to the other. It doesn't matter whether it's questions about proper care or medical treatments, magnetic-field therapy, conventional or alternative medicine. Consultants line up to give you their advice. Yet, at the end of the day, you realize you know just as little as you did before. Ultimately, when it comes to choosing the right experts, nothing beats subtle intuition. Spending enough time with your horse and observing it closely while you clean and feed it will often tell you more about your horse than anybody else can. The best way to find a true horse lover is to look for their horses.

Keeping a Horse Just for Image

Some folks seem to think that buying a horse will solve whatever image problem they may have. It must be the appeal that many people associate with horses–like a horse's pedigree, all that riding gear and, let's not forget those shiny spurs! Some mind-blowing stuff to a lot of people out there. A true animal lover wanting a horse, however, shouldn't be impressed by any of it.

Never Violate the Trust that a Horse Puts in You

Horses allow us to use halters on them in order to take them wherever we want despite having many hundreds of pounds of muscle power that would make it child's play for them to just run away. The reason why they don't do that is the trust that they always place in us. Alas, there are a lot of people who don't know how to appreciate that trust, taking advantage of it without an inch of remorse.

Sometimes, it seems to me that people expect to find in their animals what they lack in themselves–discipline and maximum performance. And in return, their animals get to lead an isolated life in some boxes.

That's why I utterly admire people like Monty Roberts. They can be credited with starting a revolution of sorts that has made the lives of horses a great deal better in at least some parts of their world. Especially when it comes to their training.

Are Horses Dumb?

I've never met a dumb horse in my whole life. However, God knows I've run into plenty of people who falsely claim they are.

I only began learning about the intelligence of horses for the last eight years. One of the things I've learned during that time is the importance of respecting horses and allowing

Sind Pferde dumm?

Ich habe noch kein dummes Pferd kennen gelernt. Menschen, die sie fälschlicherweise als solches bezeichnen, jedoch schon öfter.

Wie intelligent Pferde sind, habe ich erst in den letzten acht Jahren erfahren. Seitdem ich weiß, wie wichtig es ist, dass man ihnen ihre Würde und ein gewisses Maß an freier Entscheidung lässt. Pferde haben meistens einfach das Problem, dass ihnen kaum die Möglichkeit gegeben wird, ihre eigene Persönlichkeit auszuleben. Sporen, Peitschen und Gerten sagen mehr über uns als über Pferde aus.

Erahnen Pferde, was Ihnen bevorsteht, wenn sie zum Schlachter kommen?

Begeistert klatschen wir Menschen am Ende einer Dressurvorführung. Der Reiter legt einen Ehrengalopp hin und wir erkennen, dass sich das Pferd mit seinem Reiter über den Erfolg der Darbietung freut. Wie ähnlich sie uns doch sind, denken wir, wie stolz sie sind auf ihren Auftritt.

Oder wenn wir bei einem Ausritt ins Grüne spüren, wie sich die Pferde mit uns freuen. Wir nehmen ihre Glücksempfindungen dankbar wahr.

Aber wenn sie verkauft werden und sie ihren letzten Weg antreten, auf langen, anonymen Transporten in den Süden Europas, dann würden wir ihnen am liebsten unterstellen, dass sie nichts von all dem merken, was mit ihnen geschieht. Dann wären sie uns mit abgestumpfter Wahrnehmung viel lieber. Vielleicht hoffen wir, wenn wir überhaupt darüber nachdenken, dass sie sich nicht einsam, verlassen und verraten fühlen. Dass ihnen die Verletzungen auf dem Transport nichts ausmachen und auch nicht die Gerüche am Schlachthof.

Als ich einmal eine Reiterin fragte, wo ihr Pferd sei, antwortete sie: „Auf der ewigen Koppel." Kurz darauf erfuhr ich, dass sie damit meinte: an einen italienischen Schlachter verkauft.

Können Pferde vergessen?

Ich habe hunderte von gedemütigten und von Menschen gequälte Pferde zu uns in den Stall geführt. Sie waren ängstlich und ständig sah man die Furcht in ihren Augen. Wenn ich dann einige Tage später nach ihnen sah, fand ich die meisten von ihnen beruhigt und zufrieden vor. Ich glaube, das sagt auch etwas über ihre Fähigkeit aus, miteinander zu kommunizieren. Die Ruhe der anderen half ihnen zu verstehen, dass hier alles gut ist.

Pferde zeichnen sich durch Großzügigkeit aus. Sie vergeben nach einer Zeit auch ihren Peinigern. Aber sie vergessen nie.

them to a certain extent to make their own decisions. The problem that most horses have is a lack of opportunity to simply be themselves. Spurs, whips and rods reveal more about us than about the horses.

Can Horses Feel What Will Happen to Them at the Slaughterhouse?

Watching a dressage event until it ends, we humans are usually thrilled by it and we applaud it. The rider concludes with an honorary gallop and we see how the horse shares its rider's enthusiasm about the success of their show. Aren't they so much like us, we think, and just look how proud they are about their show!

Or when we ride them out in the open and we just feel how our horses share our excitement. How gratefully we take in their feelings of joy.

But when it comes to selling them and sending them on their last journey of long, anonymous transports into southern Europe, we suddenly like to pretend that they have absolutely no way of knowing what's happening to them. In that moment, we'd rather think of them as little more than mindless zombies. Perhaps we hope that they don't feel lonely, abandoned and betrayed, provided we have any concerns at all. We hope that they can handle possible injuries on the transport or those odors at the slaughterhouse.

I once asked a horsewoman about her horse and she said, "Gone to that eternal corral." It wasn't long before I learned what she'd meant by that: her horse had been sold to an Italian butcher.

Can Horses Forget?

I've led hundreds of horses into our barns that had been humiliated and brutalized by humans. They were scared and you could constantly see fear in their eyes. A few days later, as I went to check on them, I found most of them to have become relaxed and content. It was the calmness of the other horses, which helped them realize that this place is all right.

Horses are characterized by their generosity. Over time, they'll even forgive their tormentors. But they'll never forget.

Patenschaften

Zur Philosophie von Gut Aiderbichl: Es waren die Menschen, die sich für Gut Aiderbichl engagieren, die einen Begriff geprägt haben, der in drei Worten ihre Gesinnung beschreibt: „Ich bin Aiderbichler!“ Mit Gut Aiderbichl haben sie einen Ort und Menschen gefunden, die ihre Art von Tierliebe, ihre Gedanken, Gefühle und Hoffnungen verstehen. Und deshalb haben sie sich entschlossen, „Aiderbichler“ zu werden. Über 1000 Tiere stehen derzeit auf elf Höfen in Deutschland und Österreich unter unserem Schutz.

Wie kann ich „Aiderbichler“ werden und die Anliegen von Gut Aiderbichl unterstützen?

Pate/Mitglied werden: Zum Beispiel mit einer Paten-/Mitgliedschaft, die schon ab €10,00 monatlich möglich ist und Ihnen und Ihren Begleitpersonen an 365 Tagen im Jahr nicht nur freien Eintritt auf unseren Gütern in Henndorf und Deggendorf bietet, sondern auch Zugriff auf unsere Live-Kameras im Internet und vieles mehr.

Pferdepatenschaften: Gut Aiderbichl unterhält Gnadenhöfe der besonderen Art und hat sich unter anderem auf Pferdehaltung spezialisiert. Derzeit leben über 400 gerettete Pferde, Ponys, Esel und Mulis auf unseren Höfen. Die Haltung unserer Pferde ist auf einen lebenslangen Verbleib bei uns ausgerichtet. Deshalb verfügen wir über einen Stamm gut ausgebildeter Pferdespezialisten- und pfleger, beste medizinische Versorgung, große Weiden und Koppeln. Die Tatsache, dass unsere Pferde keinen Nutzen bringen müssen, verpflichtet uns, ihnen ein ausgewogenes tägliches Bewegungsprogramm zu bieten. Außerdem gehen wir auf die Individualität der Tiere, zum Beispiel ihre Freundschaften und ihren Rang innerhalb der Gruppe besonders ein. Sie leben bei uns ohne Druck und Angst. Pferdepatenschaften können auf Wunsch mit der Benennung eines einzelnen Tieres, das bei uns lebt, abgeschlossen werden. Die Einnahmen kommen allen geretteten Pferden zugute.

Förderer der Gut Aiderbichl Stiftung werden: Außer den beiden großen bekannten Gütern gibt es noch neun weitere Höfe, auf denen viele von uns gerettete Tiere leben. Sie werden ausschließlich von den gemeinnützigen Gut Aiderbichl Stiftungen in Deutschland und Österreich unterstützt. Bitte helfen Sie uns. Spenden Sie und werden Sie schon mit einer einmaligen Spende Förderer von Gut Aiderbichl.

Um „Aiderbichler“ zu werden, wenden Sie sich bitte an: Gut Aiderbichl Verwaltung, Johannes-Filzer-Straße 5, 5020 Salzburg oder telefonisch an: +43 (662) 62 53 95 oder per E-Mail an: info@gut-aiderbichl.com.

Sponsorships

About the Philosophy of Gut Aiderbichl: It was the people dedicating themselves to Gut Aiderbichl, who coined a phrase that puts their philosophy into three words, "I am an Aiderbichler!" In Gut Aiderbichl, they have found a place and people that identify with their level of love for animals, their thoughts, feelings, and hopes. That's what made them decide to become an "Aiderbichler." Currently, we have more than 1,000 animals under our care and protection in eleven sanctuaries in Germany and Austria.

How Can I Become an "Aiderbichler" and Support the Cause of Gut Aiderbichl?

Becoming a Sponsor/Member: A sponsorship or membership, for example, is available starting at just €10.00 ($15) a month. Not only does it provide you and traveling companions free admission to our sanctuaries in Henndorf and Deggendorf, but also with access to our live cameras on the Internet and a whole lot more.

Sponsoring Horses: Gut Aiderbichl operates a unique group of animal sanctuaries specializing in, among others, the care of horses. Right now, we have more than 400 rescued horses, ponies, donkeys and mules living on our estates. Our horse care is geared towards the idea that they can spend the rest of their lives with us. That's why we have a team of highly qualified equestrian specialists and caretakers, first-rate medical supplies as well as large pastures and paddocks. Due to the fact that our horses don't have to fulfill any functions for us, we owe it to them to provide them with a daily exercise program. We also practice a keen awareness of our animals' individual characters, including their relationships and ranks among their groups. We give them a life free of any stress or fear. On request, sponsorships of horses can be arranged just by naming an individual animal that lives with us. Proceeds are used for the benefit of all rescued horses.

Becoming a Promoter of the Gut Aiderbichl Foundation: In addition to our two major and well-known sanctuaries, we have nine more sanctuaries sheltering many animals we've rescued. They are exclusively supported by our non-profit Gut Aiderbichl Foundations in Germany and Austria. Please help us. By making just one donation, you can become a promoter of Gut Aiderbichl.

To become an "Aiderbichler," please contact: Gut Aiderbichl Verwaltung, Johannes-Filzer-Straße 5, 5020 Salzburg, Austria, phone +43 (662) 62 53 95, or send your e-mail to: info@gut-aiderbichl.com.

IMPRINT

Editor: Michael Aufhauser
Gut Aiderbichl Stiftung, Gut Aiderbichl GmbH, Johannes-Filzer-Str. 5, A-5020 Salzburg
Responsible for content: Michael Aufhauser, Dieter Ehrengruber, Friederike Grünthal
Associates: Christian Dutz, Michaela Kalss, Sabine Schlömer, Helmut Schödel, Holde Sudenn
Photographs by Dieter Ehrengruber, Andreas Kolarik, Franz-Josef Lang, Franz Neumayr, Agnes Schindler, Alexandra Schlump, Markus Tschepp, Jürgen Weyrich, Zeppelzauer
Translation by Artes Translations: Conan Kirkpatrick
Design by Iris Durie
Production by Sandra Jansen
Editorial coordination by Pit Pauen
Color separation by MT-Vreden, Vreden

Published by teNeues Publishing Group

teNeues Verlag GmbH + Co. KG
Am Selder 37
47906 Kempen, Germany
Tel.: 0049-(0)2152-916-0
Fax: 0049-(0)2152-916-111
e-mail: books@teneues.de

Press department: Andrea Rehn
Tel.: 0049-(0)2152-916-202
e-mail: arehn@teneues.de

teNeues Publishing Company
16 West 22nd Street
New York, NY 10010, USA
Tel.: 001-212-627-9090
Fax: 001-212-627-9511

teNeues Publishing UK Ltd.
P.O. Box 402
West Byfleet
KT14 7ZF, Great Britain
Tel.: 0044-1932-4035-09
Fax: 0044-1932-4035-14

teNeues France S.A.R.L.
93, rue Bannier
45000 Orléans, France
Tel.: 0033-2-3854-1071
Fax: 0033-2-3862-5340

www.teneues.com

ISBN: 978-3-8327-9277-0

Printed in Italy

Bibliographic information published by the Deutsche Nationalbibliothek.
The Deutsche Nationalbibliothek lists this publication in the Deutsche Nationalbibliografie; detailed bibliographic data are available in the Internet at http://dnb.d-nb.de.

teNeues Publishing Group
Kempen
Düsseldorf
Hamburg
London
Munich
New York
Paris

teNeues